西门子变频器
应用技术（第2版）

姚立波 主 编

闫 珊 周连平 副主编

U0304054

清华大学出版社
北 京

内 容 简 介

本书详细介绍了西门子 G120 系列变频器应用技术,注重在生产过程自动化监控项目中由浅入深地介绍交流变频调速技术,以基于 G120 的行车变频系统项目的电气设计、组态编程、运行调试为主线展开。主要内容包括:变频器项目应用认知、G120 变频器应用于行车变频系统的电气设计、G120 变频器的基本控制应用、Starter 软件调试 G120 变频器、S7-1200 PLC 通过 I/O 接口和 PN 两种方式控制行车变频系统的设计及调试,以及 WinCC 监控行车变频系统的设计及调试。

本书适用于以工作过程为导向、以项目教学为手段的理论实践一体化教学,可满足高职院校电气自动化、智能控制、机电一体化等专业学生学习交流变频调速技术的教学要求,也可作为变频器应用技术的工程培训教材和广大工程技术人员自学的参考资料。

图书在版编目(CIP)数据

西门子变频器应用技术/姚立波主编.—2 版.—北京:清华大学出版社,2021.7(2025.1重印)
ISBN 978-7-302-54506-4

Ⅰ.①西… Ⅱ.①姚… Ⅲ.①变频器-教材 Ⅳ.①TN773

中国版本图书馆 CIP 数据核字(2019)第 265581 号

责任编辑:刘翰鹏
封面设计:傅瑞学
责任校对:刘 静
责任印制:丛怀宇

出版发行:清华大学出版社
   网 址: https://www.tup.com.cn,https://www.wqxuetang.com
   地 址: 北京清华大学学研大厦 A 座   **邮 编:** 100084
   社 总 机: 010-83470000   **邮 购:** 010-62786544
   投稿与读者服务: 010-62776969,c-service@tup.tsinghua.edu.cn
   质量反馈: 010-62772015,zhiliang@tup.tsinghua.edu.cn
   课件下载: https://www.tup.com.cn,010-83470410
印 装 者: 三河市天利华印刷装订有限公司
经 销: 全国新华书店
开 本: 185mm×260mm **印 张:** 15   **字 数:** 359 千字
版 次: 2015 年 2 月第 1 版 2021 年 8 月第 2 版 **印 次:** 2025 年 1 月第 6 次印刷
定 价: 48.00 元

产品编号:086591-01

当前,在智能装备制造、工厂自动化等领域,交流变频调速技术获得了广泛应用。为提高高职院校自动化类专业学生在交流变频调速方面的专业知识和操作技能,提升项目应用和职业能力,开设变频器应用技术课程是非常合适的。目前国内外变频器种类很多,尽管各有特点,但其项目应用的基本原理和方法是相似的。自本书第1版于2015年出版以后,西门子自动化在变频器领域进行了较大的升级更新,原教材依托的西门子变频器应用技术、通信技术、控制技术已不能适应当前新技术发展的需要,故亟须进行修订。

本书详细介绍了西门子G120系列变频器应用技术,按项目递进和任务驱动的方式组织内容编写,适用于以工作过程为导向,以项目教学为手段的理论实践一体化教学,可满足高职院校电气自动化、智能控制、机电一体化等专业学生学习交流变频调速技术的教学要求。

本书的特点是理论和实践相结合,突出项目应用性,并注重在生产过程自动化监控项目中介绍交流变频调速应用技术。全书由7个项目组成,每个项目包含2~4个任务,以行车变频系统的项目设计、组态编程、运行调试为主线展开。围绕核心内容变频器应用技术,相关项目涉及西门子S7-1200 PLC控制及工控机WinCC组态技术。本书也可作为变频器应用技术的工程培训教材和广大工程技术人员自学的参考资料。

本书的编写由常州信息职业技术学院变频器应用技术课程教学团队和常州文杰自动化设备有限公司(常州文杰变频器维修中心)合作完成,由常州信息职业技术学院研究员级高级工程师姚立波担任主编,闫珊、周连平担任副主编,常州文杰自动化设备有限公司变频器项目设计及维修资深专家江笑文、常州信息职业技术学院姜奕雯和孙传庆老师参与编写。其中,项目1、项目2由姚立波、周连平、江笑文共同编写,项目3由姚立波、闫珊共同编写,项目4由闫珊编写,项目5由姚立波、姜奕雯共同编写,项目6由姚立波、闫珊、孙传庆共同编写,项目7由姚立波编写,附录由周连平编写。全书由姚立波统稿,由常州信息职业技术学院智能装备学院史新民院长担任主审。江笑文对本书的编写提出了许多宝贵的意见和建议。

本书在编写过程中,得到了西门子(中国)有限公司周学林、林志恒等工程师的大力支持和帮助,常州信息职业技术学院王晶、陆晓昌、陆杰锋、林锋等老师也给予了大力支持,在此表示衷心的感谢。

由于编者水平有限,书中难免存在许多不足之处,敬请广大读者批评、指正。

编　者

2020 年 12 月

目 ◆ 录

变频器项目应用认知

目 标 要 求

知识目标：

(1) 掌握变频器的基本原理。

(2) 掌握变频器的基本结构。

(3) 掌握变频器的选择原则。

(4) 掌握变频器的安装要求。

(5) 了解变频器的应用领域。

(6) 掌握西门子 G120 变频器应用基础知识。

能力目标：

(1) 建立对变频器的初步认识。

(2) 能够正确选择变频器型号。

(3) 能够正确安装变频器。

(4) 能够操作 G120 变频器，驱动三相交流异步电动机转起来。

素质目标：

(1) 培养对变频器及其应用的认知能力。

(2) 培养项目实施中资料收集、独立思考、项目计划、分析总结等能力。

(3) 树立安全意识，注意用电安全，严格遵守电气安全操作规程。

(4) 爱护变频器、交流异步电动机等仪器设备，自觉做好维护和保养工作。

(5) 培养团队成员交流合作、相互配合、互相帮助的良好工作习惯。

任务 1.1　认识变频器

随着电力电子技术、计算机技术、自动控制技术的迅速发展,交流调速取代直流调速已成为现代电气传动的主要发展方向之一,执行交流调速功能的自动化装置就是变频器。

1.1.1　变频器概述

微课:课程简介及变频器概述

三相交流异步电动机具有结构简单、坚固、运行可靠、价格低等特点,在现代工业、农业、家庭等各个领域发挥着巨大作用。人们希望能够用可调速的交流电动机来代替直流电动机,从而降低成本,提高运行的可靠性。

变频器就是将固定电压、固定频率的交流电变换为可调电压、可调频率的交流电,来调节三相交流异步电动机的转速的智能装置。变频器的诞生,是电气传动领域发生的一场技术革命,它以其优越的调速和启动/制动性能、高效率、高功率因数等特点,具有节能、改善工艺流程、提高控制精度和产品质量、改善环境、便于自动化控制和推动技术进步等诸多优点,广泛应用于风机、水泵等大、中型笼型感应电动机的调速,被认为是最有发展前途的调速方式,在国内外获得了广泛的应用。

或许大多数人并不清楚变频器是如何工作的,但变频器却在不知不觉中进入了人们的生活和工作中。对于变频空调和变频冰箱中的"变频"二字,大多数人是比较熟悉的。

以家庭和办公室常用的空调为例,现在购置的大部分都是变频空调。它的基本结构和制冷原理与普通空调完全相同,即它们制冷的核心器件和电气控制相同,不同之处是变频空调在常规空调的结构上增加了一个变频器,用它来控制和调整压缩机电动机的转速,达到节能省电、减小噪声等效果。

变频器以其优越的调速和启动/制动性能,以及高效率、高功率因数、显著的节电效果等特点,广泛应用于风机、水泵、自动生产线等三相交流异步电动机的调速场合。

目前国内市场上流行的通用变频器多达几十种,如欧美国家的品牌有 Siemens(西门子)、ABB(瑞士)、DANFOSS(丹佛斯)、Lenze(伦茨)、罗克韦尔、KEB(科比)、Chneider(施耐德)等;日本产的品牌有富士、三菱、安川、日立、松下、东芝等;韩国生产的 LG、三星、现代等。国产的变频器品牌有汇川、台达、德力西、奥圣、英威腾、日业、森兰、正弦、伟创、美世乐等多个品种。

图 1-1(a)所示为西门子 SINAMICS G120 变频器外形图,图 1-1(b)所示为汇川 MD500 变频器外形图。

1.1.2　变频调速工作原理

微课:变频器的工作原理

三相交流异步电动机(以下简称电机)的转速公式见式 1-1。

$$n = n_1(1-S) = \frac{60 f_1}{p}(1-S) \tag{1-1}$$

式中,n 为转子转速,n_1 为定子转速也称同步转速,f_1 为定子频率,p 为磁极对数,S 为电机的转差率,$S = (n_1 - n)/n_1$。

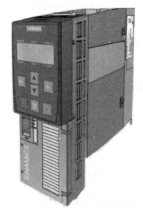

(a) 西门子SINAMICS G120变频器

(b) 汇川MD500变频器

图 1-1　变频器外形图

当极对数 p 不变时,电机转子转速 n 与定子电源频率 f_1 成正比,因此连续地改变供电电源的频率,就可以连续平滑地调节电机的转速,这种调速方法称为变频调速。

电源的频率 f_1 是由发电机的结构及发电机的运行状态决定的。国家电网的供电频率是固定的,我们国家的电网供电频率是 50Hz。要改变频率值,通过发电机这条渠道的可行性不大,只有采取其他的方式,即用一种装置来改变电源的频率,而这种装置就叫作变频器。

早期的变频器是一套由电机—变速器—发电机组成的旋转机组变频器。其结构框架如图 1-2 所示。图 1-2 中①为电机,由电网的固定频率交流电驱动,以固定的速度运行;②为变速器,用来实现速度的改变,且改变速度的方式有多种;③为发电机,用于在不同的速度作用下,产生不同频率的交流电,驱动带负载的电机。由旋转机组变频器供电的电机的供电频率会由于变速器的不同变速比而不同,由此产生不同的转动速度,以满足工作机械的要求。由于中间部分均为旋转的机械,故称为旋转变频机组,它有设备多、占地多、运行噪声大、效率不高、频率调节的可选择性不多等缺点。

图 1-2　旋转机组变频器结构框架

旋转机组变频器还有一个明显的缺点,就是运行中的维护量很大,而且旋转机械由于润滑而带来的油脂渗漏对周边环境的影响很大。

在 20 世纪 60 年代,出现了以电力电子器件和数字控制技术为主要特点的静止式变频器。将静止式变频器连接在负载电机和电源之间,通过对变频器内部的控制电路和功率电路进行控制,变频器就能输出电机所需要的不同于电源频率的交流电。由于控制采用了数字化,其精确度和连续性得到了保证。这种变频器的输出频率范围很宽,连续性很好。由于采用了电力电子器件作为功率输出元件,变频器的转换效率较高。

交流变频调速技术采用了可变频率、可调电压的交流电源向电机供电,实现了电机的无级转速调节,有效解决了快速性、正反转控制和制动等方面的技术难点,形成了调速范围广、平滑性较高、机械特性较硬的优点,可以方便地实现恒转矩或恒功率调速。

交流变频调速技术的成熟及实用化,彻底改变了交流异步电机所受的应用限制,逐渐成了传动领域的主流。目前变频调速已成为交流异步电机最主要的调速方式,在很多领域都获得了广泛的应用。而且随着一些新技术、新理论、新工艺在交流异步电机变频调速领域的应用,如矢量控制、无速度传感器技术等,交流变频调速技术正向更高性能、更大容量以及智能化方向发展。

变频器从功率级电路的结构形式上可分为以下两种。

1. 交—直—交型变频器

交—直—交型变频器的功能是把固定频率的交流电先通过整流电路转换成直流电,再利用逆变电路将直流电变换成另一种频率可变的交流电,前后两种交流电之间没有关联,如图1-3所示。根据直流部分稳压电路的不同形式,又可分为电压型和电流型两种。电压型变频器是作为电压源向交流电机提供交流电功率,其主要优点是运行几乎不受负载的功率因数或换流的影响,它主要适用于中、小容量的交流传动系统。在现代工业中,大量使用的就是这种类型的变频器。与之相比,电流型变频器施加于负载上的电流值稳定不变,其特性类似于电流源,主要应用在大容量的电机传动系统以及大容量风机、泵类节能调速系统中。

图1-3　交—直—交型变频器原理框图

2. 交—交型变频器

交—交型变频器的功能是把一种频率的交流电通过分组整流的方式,直接变换成另一种频率的交流电供给负载 Z 使用。由于中间不经过直流环节,不需换流,因而多用于低速大功率系统中,如回转窑、轧钢机等。但这种控制方式决定了最高输出频率只能达到电源频率的 $1/3\sim1/2$,所以不能高速运行,如图1-4所示。

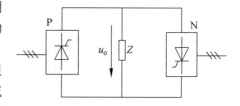

图1-4　交—交型变频器原理框图

交—交型变频器由 P 组(正向整流组)和 N 组(负向整流组)反并联的晶闸管变流电路构成,变流器 P 和 N 都是相控整流电路。

P 组工作时,负载电压 u_o 为正;N 组工作时,负载电压 u_o 为负。

两组变流器按一定的频率交替工作,负载就得到该频率的交流电。正向半波的电压波形形成如图1-5所示。

改变两组变流器的切换频率,就可改变输出频率 f。

改变变流电路的控制角 a,就可以改变交流输出电压的幅值。

为使 u_o 波形接近正弦波,可按正弦规律对 a 角进行调制。在半个周期内让 P 组 a 角按正弦规律从90°减到0°或某个值,再增加到90°,每个控制间隔内的平均输出电压就按正弦规律从零增至最高,再减到零。另外半个周期可对 N 组进行同样的控制。

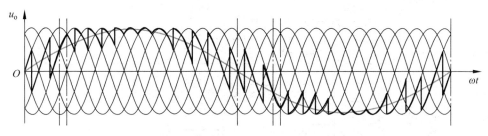

图 1-5 正向半波的电压波形形成

u_o 由若干段电源电压拼接而成,在 u_o 的一个周期内,包含的电源电压段数越多,其波形就越接近正弦波。

三相交—交变频电路由三组输出电压相位各差 120°的单相交—交变频电路组成。电路接线方式有如图 1-6 所示的公共交流母线进线方式和如图 1-7 所示的输出星形连接方式。

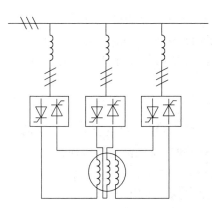

图 1-6 三相交—交变频电路有公共
交流母线的进线方式

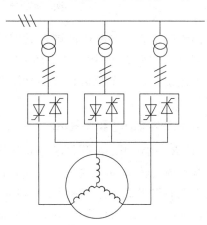

图 1-7 三相交 交变频电路的
输出星形连接方式

1.1.3 变频器的基本结构

市场上变频器的品牌很多,控制方式也有许多种类,但其内部功率级电路的形式和结构大体相同。典型的交—直—交型变频器原理框图如图 1-8 所示,主要由整流电路、滤波电路、制动电路及逆变电路四部分组成。

微课:变频器
的基本结构

1. 整流电路部分

整流电路部分即交—直变换部分,由二极管组成整流桥。图 1-8 中,$VD_1 \sim VD_6$ 组成三相整流桥,将交流变换为直流。如三相线电压为 U_L,则整流后的直流电压 $U_D = 1.35 U_L$。

2. 滤波电路部分

滤波电路部分由电容和均压电阻组成。

滤波电容器 CF 的作用如下。

(1)滤除全波整流后的电压纹波。

(2)当负载变化时,使直流电压保持平衡。

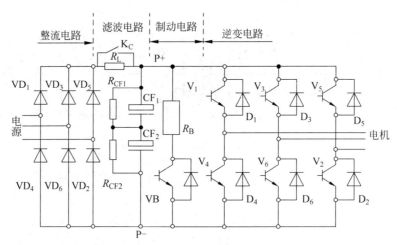

图 1-8　交—直—交型变频器原理框图

因为受电容量和耐压的限制,滤波电路通常由若干个电容器并联成一组,又由两个电容器组串联而成,如图 1-8 中的 CF_1 和 CF_2。由于两组电容特性不可能完全相同,在每组电容组上并联一个阻值相等的分压电阻 R_{CF1} 和 R_{CF2},从而保证在两个电容上电压分配均等。

3. 限流电阻 R_L 和开关 K_C

(1) R_L 的作用:如果电容器原来没有充电,或长时间停用导致电容上电压较低,变频器刚合上闸的瞬间,冲击电流比较大,将使得整流电路中的整流二极管过载而造成故障。加一个电阻的作用是在合上闸后的一段时间内,电流流经 R_L,限制冲击电流,将电容 CF 的充电电流限制在一定的范围内,以保证整流二极管的安全。这个电阻叫作限流电阻。

(2) K_C 的作用:当 CF 充电到一定电压时,K_C 闭合,R_L 短路。大部分变频器中这个开关使用晶闸管代替。

4. 能耗制动电路部分

(1) 制动电阻 R_B。变频器在频率下降的过程中,电机的速度大于变频器给出的频率对应的速度,电机将处于再生制动状态,回馈的电能将存贮在电容 CF 中,使直流电压不断上升,可能达到十分危险的程度。R_B 的作用就是将这部分回馈能量消耗掉。除功率较小的变频器使用内部电阻外,一般变频器中的此电阻是外接的,有专门的外接端子(如 DB+、DB−)。

(2) 制动单元 VB。由 GTR 或 IGBT 及其驱动电路构成。其作用是为放电电流 I_B 流经 R_B 提供通路。

5. 逆变电路部分

逆变电路部分即直—交变换部分。

(1) 逆变管 V_1～V_6。组成逆变桥,把 VD_1～VD_6 整流的直流电逆变为交流电,这是变频器的核心部分。常用的逆变管为 GTR 或 IGBT。

(2) 续流二极管 D_1～D_6。续流二极管的作用主要有以下三个。

① 电机是感性负载,其电流中有无功分量,续流二极管 D_1～D_6 为无功电流返回直流电源提供通道。

② 频率下降,电机处于再生制动状态时,再生电流通过续流二极管 $D_1 \sim D_6$ 整流后返回给直流电路。

③ $V_1 \sim V_6$ 逆变过程中,同一桥臂的两个逆变管不停地处于导通和截止状态。

6. 逆变器的工作原理(以单相电路为例进行分析)

逆变电路简称为逆变器,如图 1-9 所示为单相桥式逆变器,四个桥臂由三极管构成,输入直流电压 U_d,逆变器负载是电阻 R。当将三极管 V_1、V_4 饱和导通,V_2、V_3 截止时,电阻上得到左正右负的电压。如果定义这个方向的电压为正,那么电阻上的电压为 $u_o = U_d - 2U_{VT}$,U_{VT} 为三极管饱和导通时 C、E 极间的电压。持续一段时间 t_1 后将三极管 V_2、V_3 饱和导通,V_1、V_4 截止,电阻上得到右正左负的电压。这个电压的方向为负,电阻上的电压为 $u_o = -(U_d - 2U_{VT})$。间隔一段时间 t_2 后重复这个过程。

以 $t_1 = t_2$ 交替切换 V_1、V_4 和 V_2、V_3 的导通与截止,在电阻上就可以得到如图 1-10 所示的电压波形。

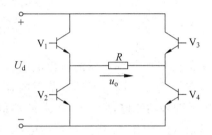

图 1-9　单相桥式逆变原理图

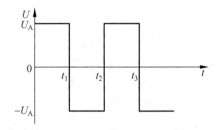

图 1-10　负载电阻上的电压波形

可以看出,电阻 R 上的电压就是一个大小和方向随时间变化的交变电压。

交流电有三个要素:①有周期性;②正负交替;③周期内平均值为 0。从前面的描述来看,这个电压波形完全符合这个条件,也就是这个负载上的电压波形是一个方波交流电。

这个方波交流电,其幅值就是直流电压 U_d。频率由控制电路的交替时间($t_1 + t_2$)来决定。所以,此方波交流电的频率可以按要求进行调整。

将方波交流电进行傅里叶级数分解:

$$f(t) = \frac{a_0}{2} + a_1\cos\omega_1 t + a_2\cos 2\omega_1 t + \cdots + b_1\sin\omega_1 t + b_2\sin 2\omega_1 t + \cdots$$

$$= \frac{a_0}{2} + \sum_{n=1}^{\infty}(a_n\cos n\omega_1 t + b_n\sin n\omega_1 t)$$

$$= \frac{A_0}{2} + \sum_{n=1}^{\infty}A_{nm}\sin(n\omega_1 t + \theta_n) \quad (n\,从\,2\,开始的正整数)$$

可以知道其中含有以下三个大的部分。

第一部分:直流分量。这一部分由于周期内平均值为 0,所以直流部分为 0。

第二部分:基波分量。即频率与方波交流电相同的正弦交流电,其幅值是方波交流电幅值的一个固定的百分比。基波分量对负载是有用的。

第三部分:谐波分量。即频率是基波的 N 倍的正弦交流电组合,但其幅值随频率升高而成倍减少。谐波分量对负载无用,甚至是有害的。

取出其中的基波部分,就是所需要的可变频率的正弦交流电。

有了单相交流电,三相交流电就可以用同样的方法产生。

从图 1-9 所示的逆变电路可以看出,三条桥臂上的开关管用的是同一个直流电源,所以三个交流电的幅值是一致的。

交流电的频率是由开关管的导通截止周期决定的,可以做到周期一致,这就保证了三个交流电的频率一致。

三个交流电的相位可以这样处理:每个桥臂对应一个交流电,所以只要让每个桥臂上的开关管的导通时间(截止时间也是同样)错开 120°就可以了。

在单相逆变电路中,产生的交流电用了两个桥臂(四个开关管,每一个开关管的导通周期是 180°),从而形成回路。而在三相逆变电路中,每一相交流电只有一条桥臂(两个开关管,每一个开关管的导通周期为 120°),它的回路问题是由其他两条桥臂的元件来解决的。

1.1.4　变频器的选择原则

1. 按照调速范围选择变频器的控制方式

1)U/f 恒值控制变频器

U/f 恒值控制变频器是指在改变变频器输出频率的同时控制变频器的输出电压,使两个量保持固定的比例,使得电机的定子磁通保持一定,在较宽的电机速度调节范围内,电机的力矩、效率、功率因数保持不变。因为控制的是电压和频率的比值,所以称为 U/f 恒值控制,其主电路原理框图如图 1-11 所示。但在输出频率较低的场合,需要进行输出电压的修正,否则会影响其性能。由于是开环控制,不采用速度传感器,控制电路较简单,是目前通用型变频器中使用最多的一种控制方式。采用此控制方法,交流电机的同步转动速度(即电机的定子旋转磁场速度)对于由负载等因素引起的速度变化并未进行算法控制。因此,只能用于控制精度要求不高的场合,而且这种方法可以实现的速度调节范围不会超过 1∶40。

2)转差频率控制变频器

转差频率控制变频器也可以称为 U/f 恒值控制加速度负反馈控制变频器,其主电路原理框图如图 1-12 所示。这种变频器需要检测电机的实际转动速度,构成速度的闭环。速度调节器的输出为转差频率,变频器的控制电路利用转差频率作为修正变频器输入信号的依据,使得变频器能够输出完全符合目标要求的转动速度。因为有了速度负反馈控制,对于速度的控制精度就会有很大的提高,可以用于有一定精度要求的场合。但这种方法可以实现的速度调节范围同样不会超过 1∶40。

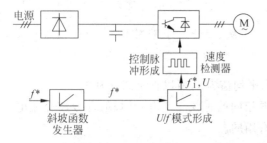

图 1-11　U/f 恒值控制变频器主电路原理框图

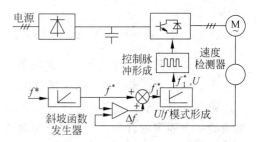

图 1-12　转差频率控制变频器主电路原理框图

3）矢量控制变频器

矢量控制变频器是建立在将交流电机转化成直流电机模型的基础上,利用直流电机磁场和电枢相互独立具有较好调速控制性能的控制思想,采用数学的方法,将交流电机的定子和转子的耦合关系分解,通过矩阵运算,用两个相互垂直的交流电流,产生和三相交流电同样的旋转磁场。并通过控制这两个等效的交流电流达到控制三相交流电的目的。其主电路原理框图如图1-13所示。由于采用了直流电机的控制思想,可以采用直流电机中转子电流和负载力矩的关系来修正输入控制信号,虽然没有速度反馈,但考虑了负载对速度的影响并进行了算法控制,因此达到了较高的控制精度。现在高控制精度的变频器大都采用此种方式。这种控制方法实现的电机速度调节范围可以达到1:100,如果在矢量控制变频器的基础上再加上速度传感器,则速度的调节范围更宽,可以达到1:1000。

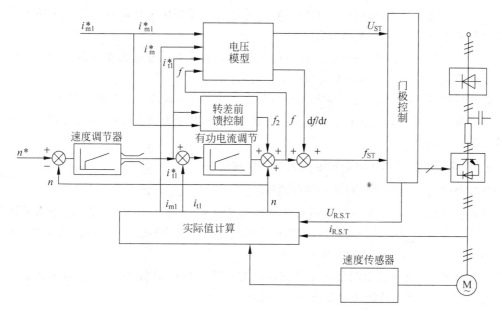

图 1-13　矢量控制变频器主电路原理框图

需要注意的是,U/f 控制在低速时具有控制死区。一般的矢量控制变频器在低速时控制死区也是存在的,但范围较小。如果需要在0到最高速度范围内都具有较好的性能,就要选择带速度负反馈的矢量控制变频器。

2. 按照用途来选择变频器的种类

1）通用型变频器

通用型变频器具有在较低的频率下输出大力矩的功能,具有较强的抗干扰能力,噪声较小,控制方式采用PWM方式。可以实现固定的三段速、四段速、八段速等多段速控制,具有模拟量/数字量输入控制通道,能够满足一般自动化生产设备变频控制的基本要求,而且价格较为便宜,是自动化生产线的首选。

通用型变频器常用的有风机、泵类专用变频器。这类变频器由于其负载的机械特性具有力矩和转速的平方成正比的特点,所以在防止过载方面能力突出,同时还具有其他完善的保护措施,如过压、过流保护。水泵控制时可采用"一拖一""一拖二"控制模式,还经常构成变频—工频转换系统。由于电路内部具有 PID 调节器和软件制动等功能模块,可以保护变频器及生产机械不受损害。

2)注塑机专业变频器

注塑机专业变频器最主要的特点是具有更高的过载能力,有更高的稳定性和更快的响应速度,而且抗干扰能力强,控制灵活。具有模拟量输入、输出补偿的电流补偿功能,可以提供多种补偿方法及其补偿参数。

3)其他特殊用途的专用变频器

其他特殊用途的专用变频器如电梯专用变频器、能量可回馈变频器、纺织机专用变频器等。

选择变频器,第一考虑的是变频器的功能,第二考虑的是变频器的控制精度,第三考虑的是变频器的控制系统,第四考虑的是变频器的价格。

一般仅有变速要求,而精度并不很重要的场合应考虑通用型变频器。基本无精度要求的场合可考虑选用 U/f 控制变频器。

具有一定控制精度要求的场合,在经费不紧张的情况下可考虑矢量控制变频器。经费较为紧张的场合可考虑选用转差频率控制变频器。

控制精度要求高、调速范围要求高的场合选用带有负反馈的矢量控制变频器。

只有在一般通用变频器不能满足要求的地方,才考虑专用型变频器,因为专用型变频器的价格相对较高。

3. 根据安装位置的环境选择变频器的防护结构

变频器的防护结构主要有下面四种结构。

(1)开放型:这种类型的变频器对环境的要求相对较高,是一种正常情况下人体不能触摸到变频器内部带电部分的结构,所以此类变频器一般应安装在电气控制柜的内部,或是控制室的屏、盘上,尤其是相对集中的安装。

(2)封闭型:这种类型的变频器具有自己的外罩,可以单独地安装于建筑屋内。由于具有外部的壳罩,所以其散热会受到一定的影响。

(3)密封型:这种类型的变频器其自身外壳的保护更加完善,但散热更受影响,应考虑使用专用于散热的风扇。

(4)密闭型:这种类型的变频器具有防尘、防水的结构。它可以独立使用于有水淋、粉尘、腐蚀甚至可燃可爆气体的工业现场。但应该考虑冷却能力比风扇更好的冷却方式。

4. 按照电机的功率选择变频器的容量

变频器对电机而言,相当于供电电源,其带负载能力用容量来描述。

变频器的容量选择是一个重要而复杂的问题。首先要考虑变频器的容量和电机的功率相匹配的问题。如果变频器的容量选择过小,会使得电机的有效力矩输出值变小,影响电机拖动系统的正常运行,甚至会损害变频器装置。而变频器的容量选择过大,则输出电流的谐波分量就会增加,会增加线路的电压损失和功率损耗,同时设备的投资也会增加。

按照常规,一个电气控制系统中,处在控制系统上游的设备的容量不能小于处在控制系统下游的设备的容量。在变频调速控制系统中,变频器接受电源的固定工频交流电,转换成其他频率的交流电,供给电机使用,以满足工艺过程的不同速度要求。电机是控制系统中的下游设备,所以变频器的容量一定要大于电机的功率。

在变频调速系统中,变频器和电机是串联的关系,电机工作时的电流必然是变频器输出的电流。但变频器输出的电流包含了基本频率及高次谐波,而电机用于产生拖动力矩的只是其中的基本频率电流,所以,应该考虑必要的裕量系数(一般取 1.1～1.3)。

变频器在不同的温度环境、不同的散热条件、不同的海拔高度等环境工作时,应考虑不同的容量裕量系数。

1.1.5　变频器的安装

要正确使用变频器,在安装时必须要考虑以下几个问题。

1. 电磁屏蔽及防护

变频器和电机的安装要按照电磁兼容规定的要求,以确保变频器运行正常。同时要考虑防护等级的要求,如防护等级为 IP20 的变频器(例如开放型变频器)必须安装到一个封闭的控制柜中,而防护等级为 IP55 的变频器(例如密闭型变频器)可以安装在控制柜外部。

2. 变频器的发热问题

变频器是一种电能转换器件,在正常工作时,流过变频器的电流是很大的,因此产生的热量也非常多,不能忽视其发热所产生的影响。当达到一定的温度时,变频器的故障率会随温度的升高而呈指数上升,使用寿命也会随温度的升高而呈指数下降。

一台恒转矩负载标准(过流能力 $150\% \times 60s$)的变频器的发热量,可以如式(1-2)估算。

$$发热量的近似值 = 变频器容量值 \times 55 \qquad (1-2)$$

式中,变频器容量值的单位为 kV·A,发热量的单位为 W。

如果变频器带有直流电抗器或交流电抗器,电抗器一般安装在控制柜里面,应安装在变频器的侧面或侧上方,总的发热量会更大一些,可以如式(1-3)估算。

$$发热量的近似值 = 变频器容量 \times 60 \qquad (1-3)$$

上面的两个计算公式适用于各种品牌的变频器。

3. 变频器安装中的散热要求

当变频器安装在控制柜中时,要考虑变频器的散热问题。随着控制柜内热量产生值的增加,要适当地加大控制柜的尺寸。如果在变频器安装时,把变频器的散热器部分放到控制柜的外面,将会使变频器产生的大量热量释放到控制柜的外面。由于大容量变频器有很大的发热量,所以这种方法对大容量变频器非常有效。还可以用隔离板把本体和散热器隔开,使散热器的散热不影响到变频器本体,这样效果会更好。

变频器散热设计中都是以垂直安装为基础的,横着安装变频器的散热会变差。一般功率稍微大一点的变频器都带有冷却风扇;同时,建议在控制柜上面的出风口安装冷却风扇,下面的进风口要加滤网以防止灰尘进入控制柜。注意控制柜和变频器上的风扇都是必须使用的,不能互相替换。

变频器安装在控制柜内部时应留有散热空间。变频器和控制柜在几个方向上(除固定安装的面)应有不小于图 1-14 中所要求尺寸的通风空间。在装有强制通风的控制柜内,风流一定要穿越变频器,不能以直线的方式绕过变频器。在同一台控制柜内安装两台变频器时,应采用并列安装的方法,以防止从电柜底部进入的冷风流经一台变频器后,再经过另一台变频器,从而把一台变频器的热量带给另一台变频器。如确实由于位置关系不能进行并排安装的,应在两台变频器之间安装隔离风流的挡板,以防止上述情况的发生,如图 1-15 所示。

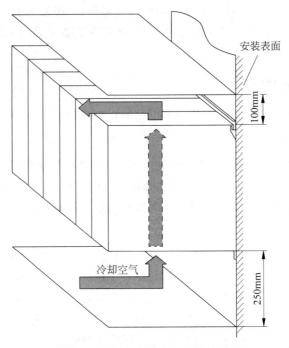

图 1-14　变频器安装空气通道示意图

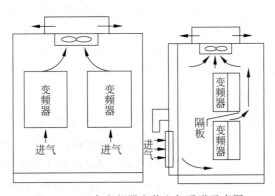

图 1-15　两台变频器安装空气通道示意图

如果有制动电阻,因为制动电阻的发热量很大,因此安装位置应和变频器隔离开,一般应安装在控制柜外面。

4. 变频器安装的其他注意事项

(1) 考虑海拔的影响。在海拔高于 1000m 的地方,因为空气密度降低,因此应加大控制柜的冷却风量以改善冷却效果。理论上变频器应考虑降容,海拔高度与变频器允许额定电流(容量)的关系如图 1-16 所示。由于设计时变频器的负载能力和散热能力一般比实际使用的要大,所以可视具体应用情况决定是否降容。例如,在海拔 1500m 的地方,若是周期性负载,如电梯,就没有必要降容。

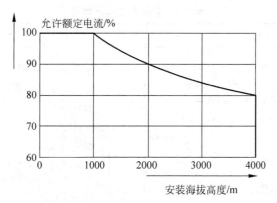

图 1-16 海拔高度与变频器允许额定电流(容量)关系图

（2）考虑冷却介质的影响。在大部分的应用场合,变频器工作过程中产生的热量是散发到周围的空气中的。如果变频器周围的环境温度比较高,空气这种冷却介质的温度就较高,那么散热的效果就会变差;换言之,变频器的工作温度会升高,变频器内部的元件性能就会受到影响。变频器是按照周围环境的温度不超过 40℃ 来进行设计的,当环境温度超过此值时应降低负载的容量。当环境温度超过 50℃ 时,就不能进行可靠工作,如图 1-17 所示。在这种情况下,如果还是利用空气流动来散热,空气流动量越大,元件和电路的温度就越高,所以必须采取其他的冷却方法,如油冷、氢气冷却、水冷却。

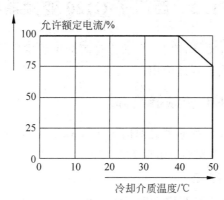

图 1-17 冷却介质的温度与变频器允许额定电流(容量)关系图

（3）考虑环境温度和湿度的影响。通用等级的变频器工作环境温度为 0～40℃,特殊耐温的变频器工作环境温度为 -10～50℃。如果不能满足,就要考虑其他的降温措施。变频器工作环境的湿度要求是 90% 以下,如果湿度过高,在金属物件的表面就会产生凝露,从而降低电气绝缘性能。所以如果环境的湿度过高,应采用除湿装置,也可以采用对流加热器的方法。

1.1.6 变频器的应用领域

变频器广泛应用在各行各业,主要应用于空调类负载、压缩机类负载、泵类负载、电梯类负载、风机类负载、搅拌机类负载、磨床等机械类负载、注塑机类负载、污水处理等环保类负载、制药/饮料/食品/包装等生产线负载等,如表 1-1 所示列出了 32 个经典的行业应用领域。

微课：变频器的应用

表 1-1　变频器的应用领域

序号	应 用 领 域	序号	应 用 领 域
1	空调类负载	17	压缩机类负载
2	冶金轧机类负载	18	泵类负载
3	吊车翻斗车类负载	19	电梯高架游览车类负载
4	给料机类负载	20	辊道类负载
5	搅拌机类负载	21	造纸机类负载
6	洗熨设备类负载	22	卷烟机类负载
7	减振和降低噪声类负载	23	污水处理等环保类负载
8	油田潜油电泵类负载	24	石化聚酯切片类负载
9	机冶破碎机类负载	25	大型窑炉煅烧炉类负载
10	卷扬机类负载	26	转炉类负载
11	拉丝机类负载	27	运送车类负载
12	堆取料机类负载	28	风机类负载
13	纺丝机类负载	29	特种电源类负载
14	音乐喷泉类负载	30	磨床等机械类负载
15	印染机类负载	31	注塑机类负载
16	海上采油平台类负载	32	玻璃/陶瓷/制药/饮料/食品/包装等生产线负载

微课：SINAMICS
G120 变频器简介

任务 1.2　西门子 G120 变频器概述

西门子 SINAMICS G120 是西门子自动化与驱动集团推出的一款通用型变频器,在国内外电气传动应用领域具有广泛的应用。

1.2.1　西门子 G120 变频器简介

西门子 SINAMICS G120 变频器是西门子 SINAMICS G 系列紧凑型变频器,采用模块化结构,由多种不同的功能单元模块组成。

1. G120 变频器的模块介绍

构成 G120 变频器的两个必要模块是：控制单元(control unit,CU)和功率模块(power module,PM)。此外还有操作面板、存储卡等可选部件。

1) 控制单元

控制单元是变频器的指挥系统,它可以通过不同的方式对功率模块和所连接的电机进行控制和监测。控制单元支持与本地或中央控制的通信,并且支持通过监控设备和输入/输出端子的直接控制。

不同控制单元的主要区别在于输入/输出端子的分配以及现场总线的接口。

2) 功率模块

功率模块用于对三相交流异步电机供电,可以驱动电机的功率范围为 0.37kW～250kW(0.5～400hp)。功率模块由控制单元里的微处理器及其外围器件进行控制。它采用高性能的绝缘栅双极型晶体管(insulated gate bipolar transistor,IGBT)及电压脉宽调制(pulse width modulation,PWM)技术,具有多种保护功能,使功率模块和电机的运行极为灵活、稳定、可靠。

　　3）操作面板

　　基本操作面板 BOP-2 和智能操作面板 IOP 是 G120 变频器的重要可选部件,用于调试和监测变频器。

　　G120 变频器的控制单元、功率模块、基本操作面板 BOP-2 的外形如图 1-18 所示。

图 1-18　G120 变频器外形图

　　操作面板并非是必需的,可以采用 PC 机与变频器的控制单元建立通信,对变频器进行参数设置和监测操作。

　　4）存储卡

　　存储卡是变频器的另一可选部件。可以将变频器中设定的参数保存到 MMC 存储卡上,在需要的时候,例如更换了变频器的情况,可以把相应的参数从存储卡写到变频器中,这样,变频器就可以立即运行了。

　　存储卡并不是变频器运行所必需的,也没有必要总是插在变频器中。

2. 采用的 G120 变频器模块

　　在项目实训中,采用的 G120 变频器的主要模块及型号如下。

　　1）控制单元

　　型号:CU240E-2 PN,订货号:6SL3244-0BB12-1FA0。

　　2）功率模块

　　型号:PM240-2,订货号:6SL3210-1PE13-2UL1,功率 0.75kW。

　　3）BOP-2 面板

　　订货号:6SL3255-0AA00-4CA1。

　　4）MMC 存储卡

　　订货号:6SL3054-4AG00-0AA0。

1.2.2　G120 变频器驱动电机运行

　　本操作实训采用 BOP-2 基本操作面板设置参数,调试和控制 G120 变频器的运行。

1. BOP-2 基本操作面板简介

　　基本操作面板(BOP-2)是基本的输入和显示设备,用于在变频器与控制单元连接后操

微课:G120
驱动三相交
流异步电动
机转起来

作和设置变频器参数。主要采用按键操作,设有菜单提示和二行显示,因此调试简单。

BOP-2 操作面板共设有 7 个按键,如图 1-19 所示。其中,UP、DOWN、OK 和 ESC 4 个按键用于参数设置选择,ON、OFF 和 HAND/AUTO 3 个按键用于本地操作调试。各个按键的主要功能如下。

- ESC 键:返回上一屏幕。
- UP 键(符号▲):向上改变参数设置选择。
- DOWN 键(符号▼):向下改变参数设置选择。
- OK 键:确认参数设置选择。
- OFF 键(符号○):在手动模式下停止电机。
- HAND/AUTO 键:在 HAND 和 AUTO 模式之间切换命令源。
- ON/RUN 键(符号┃):在手动模式下启动电机。

BOP-2 的显示屏有 MONITORING、CONTROL、DIAGNOSTICS、PARAMETER、SETUP、EXTRAX 6 个菜单,如图 1-19 所示。各个菜单的主要功能如下。

图 1-19　BOP-2 基本操作面板

- MONITORING:显示变频器及电机系统的实际状态。
- CONTROL:可以激活设定值、点动和反向模式。
- DIAGNOSTICS:可以确认故障和报警,显示历史和状态数据。
- PARAMETER:可以查看并更改参数值。
- SETUP:可以对变频器执行基本调试操作。
- EXTRAX:可以执行附加功能,例如通过 BOP-2 保存和复制数据参数。

2. 实训操作步骤

(1)给变频器上电。合上电控柜电源进线总开关。合上 G120 变频器电源开关。

(2)执行 G120 变频器初始化。初始化即变频器恢复到出厂参数设置。G120 上电完成启动后,按 ESC 键返回主屏幕,显示主菜单 MONITOR 项。按 UP 键或 DOWN 键,切换到主菜单 EXTRAS 显示 EXTRAS 项。在 EXTRAS 项按 OK 键,出现子菜单 DRVRESET 项。在 DRVRESET 项按 OK 键,出现 ESC/OK 项。在 ESC/OK 项按 OK 键,出现 BUSY。变频器闪烁 BUSY,30s 后显示 DONE,按 OK 键,初始化就完成了。按 ESC 键,返回主屏幕。

(3)进行电机静态参数识别。当完成变频器的初始化以后,需要对电机进行静态识别,以确保变频器建立的电机模型正确,保证控制精度。按 HAND AUTO 键,进入手动模式。按运行键 I,启动变频器,静态识别开始,自动进行电机参数识别。在参数识别时,显示屏显示 MOT ID,同时会发出嗡嗡的声音,并持续一段时间。嗡嗡声结束后,电机静态参数识别完成,返回待命状态。

(4)驱动电机运行并调试。在 HAND AUTO 手动模式下按运行键 I,变频器驱动电机运行,电机发出吸合的声音并保持轻微的吱吱声。按上升键 UP,变频器速度上升。按下降键 DOWN,变频器速度下降。按停止键 OFF,变频器驱动电机停止。按 HAND AUTO 键,退出手动模式。

项 目 报 告

1. 实训项目名称

G120 变频器面板操作控制电机运行。

2. 实训目的

(1) 掌握变频器的选型、组成及安装。

(2) 掌握 G120 变频器 BOP-2 基本操作面板的初步使用方法。

(3) 掌握 G120 变频器面板操作控制电机运行。

3. 任务与要求

(1) 结合 G120 变频器实物,理解变频器的选型、组成与安装要求,观测变频器与电机的电气连线。

(2) 学会用 BOP-2 基本操作面板对 G120 变频器进行参数设置,并控制电机的运行。操作内容包括:①变频器初始化;②电机静态参数识别;③手动方式启动/停止电机;④调节电机运行速度。

4. 实训设备

本实训项目用到的硬件:G120 变频器(带 BOP-2 基本操作面板)、电机、三极空气开关等。

5. 操作调试

(1) G120 变频器初始化操作。

(2) 电机静态参数识别操作。

(3) 手动方式启动/停止电机及调速操作。

6. 实训结论

(1) 总结实训过程,阐述 BOP-2 操作面板控制电机运行及调速的结论。

(2) 写出完成本实训项目后的体会和收获。

7. 项目拓展

试举 2 个应用变频器的项目实例,说明采用变频器有什么好处。

G120变频器应用于行车变频系统的电气设计

目 标 要 求

知识目标:

(1) 了解行车的组成及运动分解等背景知识。

(2) 掌握行车的传统电气控制知识。

(3) 理解行车的速度控制要求。

(4) 掌握 G120 变频器的电气安装知识。

(5) 掌握 G120 变频器的 I/O 接口及接线知识。

能力目标:

(1) 能够设计行车变频系统的多种控制方案。

(2) 能够在 G120 变频器与电机之间及与电源之间进行线路连接。

(3) 能够在 G120 变频器 I/O 接口及外接设备或元件之间进行线路连接。

(4) 能够设计行车变频系统的主回路电气原理图。

(5) 能够对行车变频系统进行基于 I/O 控制的电气设计。

素质目标:

(1) 培养行车变频系统项目的意识。

(2) 培养资料收集、独立思考与分析、项目设计等能力。

(3) 树立安全意识,严格遵守电气安全操作规程。

(4) 爱护变频器、电机等仪器设备,自觉做好维护和保养工作。

(5) 培养团队成员交流合作、相互配合、互相帮助的良好工作习惯。

任务 2.1 行车变频系统项目背景及控制方案

项目1详细介绍了变频器的基础知识及应用领域,并对西门子G120变频器做了简要介绍,重点阐述了G120变频器驱动电机运行的操作实训步骤。本任务以行车变频系统项目为例,设计一个基于G120变频器的交流变频传动控制系统。

2.1.1 项目背景及控制要求

行车又称天车、桥式起重机,是架设在生产车间高架轨道上运行的一种桥架型起重机。

行车的桥架沿铺设在两侧高架上的轨道纵向运行,起重小车沿铺设在桥架上的轨道横向运行,构成一矩形的工作范围,可以充分利用桥架下面的空间吊运物料,不受地面设备的阻碍。如图2-1所示为工业生产中的行车示意图。

图 2-1 工业生产中的行车示意图

1. 行车的组成

行车主要由导轨、大车架(即主梁)、大车运行机构、小车架、小车运行机构、升降运行机构以及驾驶室等组成,是较复杂的机电一体化装备。升降运行机构(包括升降电机及其调速驱动系统)安装在小车架上,小车架及小车运行机构(包括小车电机及其驱动系统)安装在大车架上,大车架及大车运行机构(包括大车电机及其驱动系统)安装在车间内沿着车间内墙布置的高架轨道上,是一种电机载电机的机械组合体。传统行车的结构如图2-2所示。

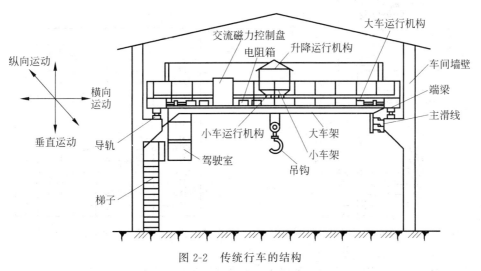

图 2-2 传统行车的结构

2. 行车的运动分解

行车是适用于车间内对货物进行提升、下放及改变位置的机械设备,其运动有三个维度。

(1)沿车间纵向运动,相当于三维空间的x轴方向:大车架在大车电机的驱动下完成纵向运动。

（2）沿车间横向运动,相当于三维空间的 y 轴方向：小车架在小车电机的驱动下完成横向运动。

（3）沿车间垂直方向运动,相当于三维空间的 z 轴方向：起吊货物的吊钩在升降电机的驱动下完成重物的上升和下降运动。

3. 行车的传统电气控制

行车的大车和小车电机为恒转矩负载,相对简单。升降电机为位能性负载,比较复杂,一般采用绕线式异步电机转子串五级不对称电阻,传统采用凸轮控制器进行操作,以满足驱动和调速的基本要求。

凸轮控制器是一个集操作、控制、主回路为一体的电气装置,设置在驾驶室内,其外形体积的大小对行车驾驶员的工作环境和操作空间影响较大。

如图 2-3 所示为升降电机主回路电气控制图,如图 2-4 所示为凸轮控制器触点开关图。凸轮控制器手柄有零位,向上、向下各五个工作位置挡位,共有 12 对触头。

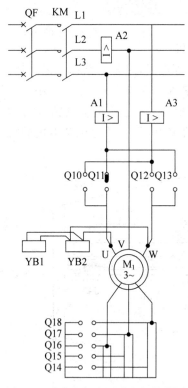

图 2-3　升降电机主回路电气控制图

图 2-4　凸轮控制器触点开关图

触头代号	向上					零位	向下				
	5	4	3	2	1	0	1	2	3	4	5
Q10							●	●	●	●	●
Q11	●	●	●	●	●						
Q12							●	●	●	●	●
Q13	●	●	●	●	●						
Q14	●	●	●	●	●		●	●	●	●	●
Q15	●	●	●	●				●	●	●	●
Q16	●	●	●						●	●	●
Q17	●	●								●	●
Q18	●										●
Q19							●	●	●	●	●
Q1A	●	●	●	●	●						
Q1B						●					

触头 Q10～Q13 用于吊钩向上和向下运行控制,即升降电机的正反转控制。触点 Q14～Q18 用于短接转子电阻,对应凸轮控制器手柄的 1～5 挡工作位置,转子电阻从大到小切除。触点 Q19、Q1A 用于限位保护,触点 Q1B 用于零位启动(多条件启动控制)。

4. 行车的速度控制要求

对行车的大车和小车电机,无特殊的速度控制要求。

对升降电机应满足如下的驱动和调速基本要求。

（1）空钩能快速升降，以减少上升和下降时间，轻载的提升速度应大于额定负载的提升速度。

（2）具有一定的调速范围，一般设置五个变速挡进行速度调节。

（3）在开始提升或重物接近预定位置附近时，需要低速运行。因此分挡应灵活，以方便操作。

（4）提升第一挡的作用是为了消除传动间隙，使钢丝绳张紧。为避免过大的机械冲击，这一挡电机的启动转矩不能过大，一般限制在额定转矩的一半以下。

（5）在负载下降时，根据重物的大小，拖动电机的转矩可以是电动转矩，也可以是制动转矩，两者之间的转换是自动进行的。

（6）为确保安全，要采用电气与机械双重制动，既可减小机械抱闸的磨损，又可防止突然断电而使重物自由下落造成设备和人身事故。

（7）要有完备的电气保护与联锁环节。

2.1.2　系统控制方案

本项目对传统的行车控制系统进行变频技术改造。由于行车的大车和小车电机驱动负载相对简单，如果不考虑电机的启动/制动性能，可以不采用变频器。如果为改善启动/制动性能而采用变频器，其变频控制设计也比较简单。升降电机的变频控制情况则比较复杂，因此本书重点讨论和设计升降电机的变频控制方案。

1. 变频系统控制信号的转换

为使驾驶员操作习惯保持一致，升降电机变频系统保留了传统的凸轮控制器，由其产生了 7 个开关信号：升降电机上升开关 S_P、下降开关 S_N 和 5 个多段速控制开关 $S_1 \sim S_5$，用于对变频调速系统的控制。开关信号的转换方法如图 2-5 所示。

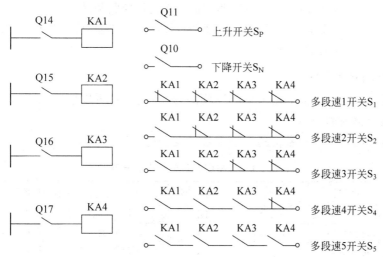

图 2-5　升降电机变频系统开关信号的转换方法

图 2-5 中，Q10、Q11、Q14、Q15、Q16、Q17 为凸轮控制器的常开触点开关，KA1～KA4 为中间继电器，带 4 组常开触点和 4 组常闭触点。

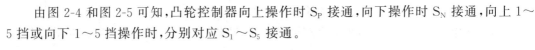

由图 2-4 和图 2-5 可知，凸轮控制器向上操作时 S_P 接通，向下操作时 S_N 接通，向上 1～5 挡或向下 1～5 挡操作时，分别对应 S_1～S_5 接通。

2. 监控变频器的方式

可以采用以下几种方式监控变频器。

（1）面板控制方式。变频器一般都提供面板控制方式。G120 的面板控制可方便实现变频器的启动/停止、正反转、给定频率设置等功能，并可监视变频器的运行状态和频率。面板控制主要应用于变频器的调试和性能监测场合。

（2）Starter 软件控制方式。面板控制只能在变频器本地进行，操作按键少，屏幕小，操作不太方便。针对这种限制，可以采用基于 PC 机的 Starter 软件调试和测试 G120 变频器。项目 4 将详细介绍 Starter 软件调试 G120 变频器的方法及具体操作。

（3）I/O 控制方式。I/O 控制即变频器本地 I/O 运行控制，就是将变频器控制单元主板上的 I/O 接口电路与现场操作台、控制箱上的按钮、开关、指示灯、仪表等控制设备连接起来，实现对变频器的运行操作控制以及状态反馈监视。具体地，变频器控制单元主板具有输入/输出（即 I/O）接口，变频器的启动/停止、正反转、故障复位、给定频率信号等可通过 DI、AI 端口进行连接和控制，变频器的运行、故障、运行频率等反馈信号可以通过 DO、AO 端口输出显示。I/O 控制方式的外接按钮、电位器等信号输入元件和指示灯、显示仪表等信号输出元件一般安装在变频控制系统本地。

（4）基于 PLC 的 I/O 控制方式。将 PLC 的输入/输出接口与变频器的输入/输出接口连接起来，可以实现 PLC 对变频器的控制和监视。这是一种分布式的控制方式，其特点是系统接线多，现场安装和调试成本较高，但对 PLC 和变频器之间无通信的要求，编程简单，比较容易实现。

（5）基于现场总线通信的控制方式。将 PLC 与变频器通过现场总线连接起来，大大方便了 PLC 对变频器的灵活控制，促进了控制信息的数字化和网络化，其特点是系统布线大大减少，现场安装和调试成本大大降低，非常适合于远程控制和网络接入。工业以太网的发展，在保持稳定、可靠、安全的前提下，促进现场总线达到了速度更快、联网更方便、应用更快捷的层次，获得了广泛的推广及应用。

3. 行车变频系统的控制方案

变频器是一种功能强大的调节电机速度的智能设备，它可以单独运行，也可以与 PLC 结合起来实现更强大的功能。

本项目设计的行车变频系统的 I/O 信号见表 2-1。

表 2-1　行车变频系统 I/O 信号表

序号	元件名称	符号	信号类型	监控功能
1	旋钮开关	S_E	DI	控制变频器启动/停止
2	凸轮控制器	S_P	DI	控制变频器正转，升降小车上升
3	凸轮控制器	S_N	DI	控制变频器反转，升降小车下降
4	凸轮控制器	S_1	DI	以多段速 1 运行
5	凸轮控制器	S_2	DI	以多段速 2 运行
6	凸轮控制器	S_3	DI	以多段速 3 运行

续表

序号	元件名称	符号	信号类型	监 控 功 能
7	凸轮控制器	S_4	DI	以多段速 4 运行
8	凸轮控制器	S_5	DI	以多段速 5 运行
9	点动开关	S_R	DI	控制变频器故障复位
10	上限位开关	K_{UL}	DI	升降电机上限位信号
11	下限位开关	K_{DL}	DI	升降电机下限位信号
12	指示灯	H_1	DO	变频器运行指示
13	指示灯	H_2	DO	变频器故障指示
14	中间继电器	KA	DO	控制电磁抱闸线圈的中间继电器

设计的行车变频系统控制方案有以下三种。

（1）采用变频器输入/输出（即 I/O 控制方式）。行车变频系统的电机运行机构与操作驾驶室距离较近，因此采用 I/O 控制方式是比较方便的。变频器采用 G120,控制单元可为 CU240E-2,没有现场总线要求。表 2-1 中的 I/O 监控信号与变频器连接,但由于变频器的 I/O 接口数量是有限制的,有些不重要的信号需考虑采用传统的电气控制方式。任务 2.2 将介绍 G120 变频器通过 I/O 方式控制行车变频系统的应用设计。

（2）通过 PLC 的 I/O 接口控制变频器。采用西门子 S7-1200 PLC 和 G120 的 CU240E-2 控制单元,表 2-1 中的 I/O 监控信号均与 PLC 连接,PLC 与变频器通过 I/O 接口交换监控信息。任务 5.3 将介绍 PLC I/O 控制行车变频系统的设计及调试。

（3）采用现场总线控制方式。同第二种方案采用的 PLC 和变频器相同,表 2-1 中的 I/O 监控信号也均与 PLC 连接。不同之处是,G120 的控制单元采用 CU240E-2 PN,带有 PN 口,支持 PROFINET 即 PN 通信协议。S7-1200 PLC 与 G120 变频器采用工业以太网交换监控信息,这是一种简捷方便的控制方式。任务 6.4 将重点介绍 S7-1200 PLC 与 G120 变频器采用 PROFINET 通信控制行车变频系统的设计及调试。

4. 系统设计的注意事项

（1）为确保安全,行车升降电机必须具有抱闸功能。电机需自带机械抱闸部件,当电机停止运行时,变频器或 PLC 输出抱闸信号给电磁抱闸线圈,采用机械制动的方法让电机快速停下来,也可以防止电机倒溜或突然断电而造成事故。

（2）为了车间墙体、行车设备、操作人员及货物本身的安全,大车、小车、升降电机的运动都要求有限位保护。对升降电机,限位保护应与抱闸功能结合起来考虑。

（3）对于吊运对象不固定的行车来说,五级固定速度往往不能满足要求,可采用 PLC 及人机界面控制方案,通过人机界面灵活设置五级固定速度。项目 7 将详细介绍 WinCC 监控行车变频系统的设计及调试。

任务 2.2 G120 变频器 I/O 控制行车变频系统的应用设计

G120 变频器提供了基本的输入/输出接口（即 I/O 接口）,可以接受数字量输入（DI）、模拟量输入（AI）两种信号控制变频器,如使能控制、正反转控制、速度给定,也可以输出数字量输出（DO）、模拟量输出（AO）两种信号以监视变频器的工作状态,如运行、故障等状态反馈和运行速度反馈。本任务采用 I/O 控制方式对行车变频系统的应用进行设计。

微课：G120
变频器的
电气安装及
I/O 接口电路

2.2.1　变频器主回路的电气线路连接

变频器的主回路是指连接电源、变频器、电机的主电流经过的电路。连接 G120 变频器主回路的电气线路是应用变频器的第一步，首先要连接功率模块和电机，然后连接功率模块和电源。

1. 主回路电气安装的安全要求

在进行 G120 变频器的电气安装前，必须严格遵守以下安全要求。

(1) 断开变频器待连接的电源开关。对变频器连线或更改连接时，必须首先断开电源开关。

(2) 采取有效措施，防止电源意外启动。

(3) 确认变频器处于断电状态。变频器更改连接时，即使变频器停止运行，上面的端子仍可能带有危险电压。须在断开电源后等待至少 5min，使设备完全放电，再开始接线。当变频器的 LED 灯熄灭或其不再运行时，并不意味着变频器已经断电。

(4) 检查接地和旁路设置。

(5) 遮盖并屏蔽附近所有的带电零件。

2. 连接功率模块和电机

如图 2-6 所示，G120 变频器的 PM240-2 功率模块下方有 U2、V2、W2 和接地 4 个端子，将 U2、V2、W2 三个端子分别连接到电机的三相电源接线端，将变频器和电机的接地端分别连接到接地母线排。与电机连接的功率模块侧的接线如图 2-7 所示。

图 2-6　PM240-2 功率模块的接线端子图　　　图 2-7　与电机连接的功率模块侧的接线图

电机接线盒盖一般提供有接线图，如西门子的电机内盖上显示有星形(Y)和三角形(△)两种接线图。

电机铭牌提供了有关接线的正确信息，如"230/400V △/Y"表示电机线电压为 400V 时采用星形接线，线电压为 230V 时采用三角形接线。因为电机线电压为 400V 时每相绕组的端电压还是 230V，线电压为 230V 时每相绕组的端电压也是 230V，两种情况电机的功率是一样的。

在工业应用现场，变频器功率模块与电机之间的安装距离可以分为远距离、中距离和近距离三种情况。20m 以内为近距离，20m～100m 为中距离，100m 以上为远距离。由于变频器输出的电压波形不是正弦，含有大量的谐波成分特别是高次谐波，对系统本身及周围环境有干扰和危害，所以一般应尽量安装在近距离范围内。根据使用环境和要求的不同，应考虑采用屏蔽电缆或安装交流电抗器等措施。

3. 连接功率模块和电源

变频器功率模块连接到电源时须确保电机的接线盒已经盖上。

如图 2-6 所示的 PM240-2 功率模块左侧有 L1、L2、L3 和
接地 4 个端子,将 L1、L2、L3 三个端子分别连接到变频器上
级元件即电源的输出端,将接地端连接至接地母线排。与电
源连接的功率模块侧的实物接线如图 2-8 所示。

图 2-8 与电源连接的功率模块
侧的实物接线图

4. 连接线的要求

(1) 主回路的连接线要求:G120 变频器的连接线分变频
器与电源之间连接线和变频器与电机之间的连接线两种
情况。

在变频器与电源之间的连接线应满足变频器的电压、电
流要求,即电压等级不低于 500V,通过电流的能力不低于变频器的额定电流。由于变频器
一般距离电源不会太远,确定线径时电流密度可按 $4A/mm^2$ 计算。

在变频器与电机之间的连接线应满足电机的电压、电流要求,即电压等级不低于 500V,
通过电流的能力不低于电机的额定电流。由于变频器一般距离电机不会太近,在确定线径
时电流密度可按 $2.5A/mm^2$ 计算。

电机的电流是按正弦电流进行计算的,但变频器输出的电流除了正弦基频电流外,还有
许多高次谐波电流,所以在选择连接线时应对电机的电流考虑一定的裕量。

(2) 电磁屏蔽的电气连接要求:由于变频器的输出线路(即电机电缆)中含有大量的高
次谐波,具有较强的电磁性,所以对周围的设备和线路具有较强的干扰,对于有电磁兼容要
求的使用场合应使用屏蔽电缆,也可以采用在输出线的外部穿上一根钢管,并将钢管和大地
进行连接。

为了防止其他设备对变频器产生干扰,特别是电网电源中的谐波造成电压波形的畸变,
有时在变频器和电源之间连接专用的滤波电抗器,如图 2-9 所示。

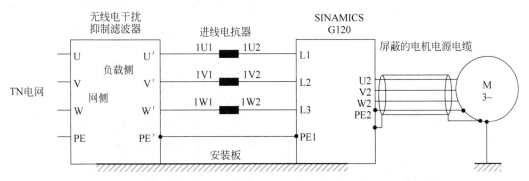

图 2-9 变频器和电源之间连接电抗器的接线图

(3) 变频器的进线、出线端必须正确接线,不允许反接。

2.2.2 变频器的 I/O 接口及接线

G120 系列变频器均提供 I/O 接口,不同控制单元的 I/O 接口基本相似,但其接线端子

微课:G120
变频器的 I/O
接线及应用

的数量是不同的。行车变频系统采用的控制单元型号为 CU240E-2 PN,下面对其 I/O 接口端子及电气接线进行介绍。

1. I/O 接口端子

CU240E-2 PN 控制单元的 I/O 接口端子见表 2-2。

表 2-2　CU240E-2 PN 控制单元的 I/O 接口端子

端子号	信号名称	信号类型	说　明
1	+10V OUT	电源	变频器输出 10V 电源＋端
2	GND		变频器输出 10V 电源接地
3	AI0＋	模拟量输入	第 0 通道模拟量输入＋端
4	AI0－		第 0 通道模拟量输入－端
12	AO0＋	模拟量输出	第 0 通道模拟量输出＋端
13	GND		第 0 通道模拟量输出 GND 端
21	DO1 POS	数字量输出	第 1 通道数字量输出 POS 端
22	DO1 NEG		第 1 通道数字量输出 NEG 端
14	T1 MOTOR	温度传感器输入	温度传感器 T1 端
15	T2 MOTOR		温度传感器 T2 端
9	+24V OUT	电源	变频器输出 24V 电源＋端
28	GND		变频器输出 24V 电源接地
69	DI COM1	公共端	数字量输入公共端
5	DI0	数字量输入	第 0 通道数字量输入
6	DI1		第 1 通道数字量输入
7	DI2		第 2 通道数字量输入
8	DI3		第 3 通道数字量输入
16	DI4		第 4 通道数字量输入
17	DI5		第 5 通道数字量输入
31	+24V IN	电源	变频器输出 24V 电源＋端
32	GND IN		变频器输出 24V 电源接地
34	DI COM2	公共端	数字量输入公共端
10	AI1＋	模拟量输入	第 1 通道模拟量输入＋端
11	AI1－		第 1 通道模拟量输入－端
26	AO1＋	模拟量输出	第 1 通道模拟量输出＋端
27	GND		第 1 通道模拟量输出 GND 端
18	DO0 NC	数字量输出	第 0 通道数字量输出 NC 端
19	DO0 NO		第 0 通道数字量输出 NO 端
20	DO0 COM		第 0 通道数字量输出 COM 端
23	DO2 NC		第 2 通道数字量输出 NC 端
24	DO2 NO		第 2 通道数字量输出 NO 端
25	DO2 COM		第 2 通道数字量输出 COM 端

由表 2-2 可知,CU240E-2 PN 控制单元有数字量输入 6 路,数字量输出 3 路,模拟量输入 2 路,模拟量输出 2 路。数字量输出第 0、2 通道为继电器型输出,第 1 通道为晶体管型输出。模拟量 2 路输入可以作为数字量输入使用,因此最多可以连 8 路数字量输入信号。

2. I/O接口的电气接线

CU240E-2 PN控制单元的I/O接口的接线图如图2-10所示。

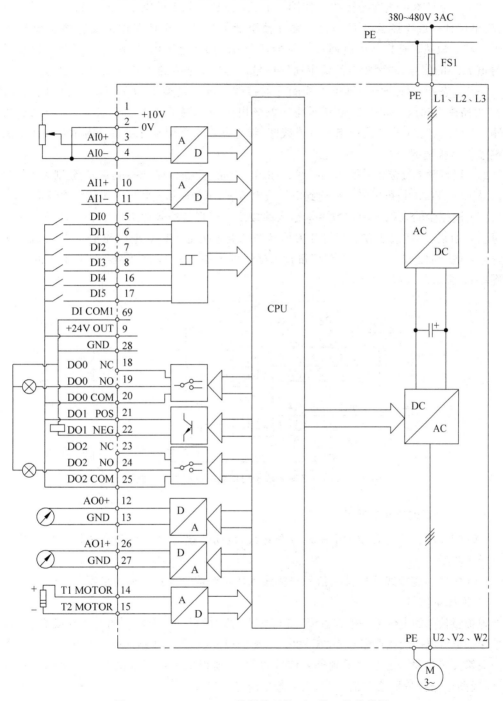

图2-10　CU240E-2 PN控制单元的I/O接口的接线图

下面介绍常用的变频器I/O接口电路的接线。

（1）变频器使能、正反转换向、故障复位等按钮的接线。如图2-10所示将按钮的一端连接至＋24V 电源输出端子 9,将另一端连接至端子 5、6、7、8、16、17,分别对应 6 路数字量输入信号。若要接通电路,需将端子 28、69 连起来。

（2）电位计给定速度的接线。如图 2-10 所示端子 1、2 提供了 0～＋10V 电压输出信号,将电位计一端连接至端子 1,另一端连接至端子 2,将电位计臂输出端连接至端子 3,将端子 4 和 2 短接。这样就可以通过电位器调节 0～10V 电压信号,作为变频器的模拟量输入通道 AI0 的信号,即变频器的给定速度信号。模拟量输入通道 AI1 的接线相同。

（3）状态指示灯或中间继电器线圈等的接线。数字量输出 DO0、DO2 为继电器输出,DO1 为晶体管输出。如图 2-10 所示将＋24V 电源输出端子 9 连接至端子 20、21、25,数字量输出端 19、22、24 分别连接指示灯或线圈(继电器输出采用常开触点),指示灯或线圈的另一端连接至接地端子 28。

（4）运行频率反馈信号输出的接线。如图 2-10 所示端子 12、13 和 26、27 分别为模拟量输出信号 AO0 和 AO1,可以将它们连到电压或电流表,用于显示变频器的运行频率等信号。

（5）模拟量输入端子用作数字量输入的接线。模拟量输入通道 AI0 和 AI1 可以用作数字量输入通道,具体接线方法是将开关信号的一端连接至＋10V 电源端子 1,另一端连接模拟量输入端子的正端 3、10,并把模拟量输入端子的负端 4 和 11 连接至＋10V 电源的负端 2,如图 2-11 所示。

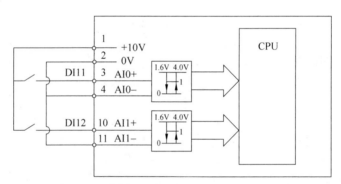

图 2-11　模拟量输入端子用作数字量输入的接线图

3. I/O 接口的连接线要求

I/O 接口的连接线必须和电源线分开走线,以防止电容性干扰和电感性干扰影响设备的正常工作。

I/O 接口的连接线分模拟量信号连接线和数字量信号连接线两种情况。

1) 模拟量信号

模拟量信号的电压值一般在直流－10V～＋10V,所以不需要特别的电压等级要求;模拟量信号的电流值一般在直流 0/4mA～20mA 或 0～10mA,所以线路的通流能力也没有问题。

关键是模拟量信号容易受到外来信号的干扰,所以应采取相应的抗干扰措施。一般情况下,线路应选择带屏蔽的信号线,而屏蔽层应进行接地。

考虑到模拟电压信号在传递的过程中容易产生电压的损失,所以在信号传输距离较远的场合,一般采用电流传输方式。

模拟量信号线路不能和电力线路长距离平行布设,如果必须要交叉的话,一定要垂直交叉。而且在变频器进线侧应相距 10cm 以上,在变频器的出线侧应相距 20cm 以上。

2)数字量信号

变频器中标准的数字量电压信号为直流 24V,线路的选择不需要考虑电压等级问题。

数字量信号本身具有较强的抗干扰能力,所以传输数字量信号的线路可以不考虑采用带屏蔽的线路,仅有一般的双绞线就可以了。

数字量信号线最好不要和动力线路平行布设,交叉时尽量采用垂直交叉的方式,且应相距不低于 10cm。

2.2.3 行车变频系统的主回路电气设计

微课:干燥设备变频控制系统主回路设计

本任务设计一种控制行车升降电机转速的变频调速装置,变频器采用西门子 SINAMICS G120,其主回路电气原理图如图 2-12 所示。图中,QS 为空气开关,它装在外部电源和变频器之间,起到变频器额定电流保护开关的作用;KM 为交流接触器,控制变频器及其电机电源输入的通断;M 为升降电机;U 为 G120 变频器,它串联在电气主回路中。由于变频器具有过载保护能力,因此电路中不再需要热继电器。

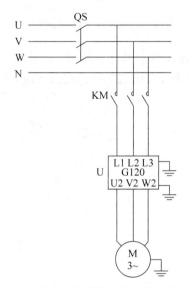

图 2-12 行车变频系统主回路电气原理图

行车大车、小车和升降电机的变频控制主回路的电气原理是相同的。

2.2.4 行车变频系统 I/O 控制电气设计

按表 2-1 所示的行车变频系统 I/O 信号表设计行车变频系统的 I/O 控制功能。由于 CU240E-2 PN 控制单元最多只能输入 8 路数字量信号(包含 2 路模拟量输入接口用作数字量输入接口),输出 3 路数字量输出信号,因此选择系统启停开关 S_E、凸轮控制器的下降开关 S_N 和多段速开关 $S_1 \sim S_5$、故障复位开关 S_R 连接到变频器的 DI 端子,运行状态指示灯 H_1、故障指示灯 H_2、电机抱闸中间继电器线圈 KA 连接到变频器的 DO 端子,如图 2-13 所示。

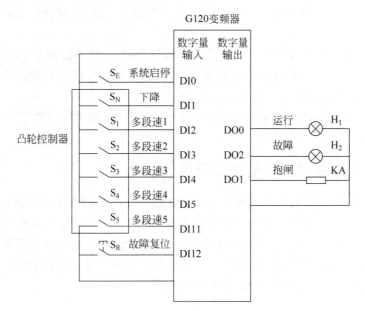

图 2-13　行车变频系统 I/O 控制的电气接线图

上限位开关 K_{UL}、下限位开关 K_{DL} 及电机抱闸采用传统的继电器电路,如图 2-14 所示。其中,KA0 为中间继电器,SV 为升降电机的电磁抱闸线圈,下降开关 $S_{N'}$ 取自凸轮控制器的触点 Q12(与 Q10 同时动作)。

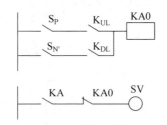

图 2-14　升降电机抱闸控制电路

项 目 报 告

1. 实训项目名称

行车变频系统电气原理图绘制。

2. 实训目的

(1) 掌握行车变频系统的项目背景。

(2) 掌握 G120 变频器控制行车变频系统的主回路电气原理。

(3) 掌握 G120 变频器通过 I/O 接口控制行车变频系统的电气原理。

3. 任务与要求

(1) 理解行车变频系统的项目背景及控制要求,掌握凸轮控制器触点开关控制升降电机的工作原理。

(2) 绘制 G120 变频器控制行车变频系统的主回路电气原理图。

(3) 绘制 G120 变频器通过 I/O 接口控制行车变频系统的电气原理图。

4. 项目设计

(1) 基于 G120 变频器,设计传统行车控制系统进行变频技术改造的方案。

(2) 设计 G120 变频器控制行车变频系统的主回路电气原理图。

(3) 设计 G120 变频器通过 I/O 接口控制行车变频系统的电气原理图。

5. 实训结论

(1) 总结变频器主回路及 I/O 接口电路的连接线要求。

(2) 总结 G120 变频器的监控方式,并说明其应用特点。

6. 项目拓展

(1) 简述升降电机抱闸控制的工作原理及其作用。

(2) 试述升降电机限位开关的工作原理及其作用。

G120变频器的基本控制应用

目标要求

知识目标：

(1) 掌握 BOP-2 基本操作面板的使用方法。

(2) 掌握 G120 变频器快速调试的方法。

(3) 掌握 G120 变频器宏的基础知识。

(4) 掌握 G120 变频器使能、电机正反转及速度给定控制基础知识。

(5) 掌握行车变频系统 I/O 控制的电气接线原理。

能力目标：

(1) 能够用 BOP-2 面板熟练设置 G120 变频器参数。

(2) 能够用 BOP-2 面板快速调试 G120 变频器。

(3) 能够设置 G120 变频器的宏并进行调试。

(4) 能够设置 G120 变频器使能、电机正反转及速度给定控制的参数并进行调试。

(5) 能够对 I/O 方式监控的行车变频系统设置 G120 变频器参数。

素质目标：

(1) 通过该项目实施,培养变频器监控的基本应用能力。

(2) 培养项目实施中的资料收集、独立思考、项目计划、分析总结等能力。

(3) 牢固树立安全意识,项目操作过程中时刻注意用电安全,严格遵守安全操作规程。

(4) 爱护变频器、电机等仪器设备,自觉做好维护和保养工作。

(5) 培养团队成员交流合作、相互配合、互相帮助的良好工作习惯。

任务 3.1　G120 变频器面板设置参数及快速调试

面板方式调试变频器是工业现场普遍使用的一种方法，它操作简单、方便，不需要使用通信、专用操作软件等其他技术方法和手段。熟悉面板操作和参数设置方法，是调试变频器需要具备的基本能力。

3.1.1　BOP-2 面板设置参数及操作模式选择

微课：G120
变频器 BOP-2
面板及设置
参数

西门子 G120 变频器提供了基本操作面板（BOP-2）和智能操作面板（IOP）两种可选设备，用于操作和监测变频器。IOP 与 BOP-2 的功能相同，只是增加了集成应用向导、图形化诊断概览等选项，可以更直观地调试变频器。也可采用 PC 机与 G120 变频器通信的方式，用专用的软件如 Starter 对变频器进行操作和监测，这部分内容将在项目 4 Starter 调试 G120 变频器中详细介绍。采用 BOP-2 操作面板熟练设置 G120 变频器参数是最基本的应用要求，其按键及显示屏菜单的基本功能在 1.2.2 小节 G120 变频器驱动电机运行中已做了介绍，因此这里重点介绍 BOP-2 设置参数的方法及操作模式的选择。

1. BOP-2 操作面板的菜单

BOP-2 操作面板的显示屏有 6 个菜单，每个菜单又有子菜单，通过 UP（▲）和 DOWN（▼）键可以方便地选择子菜单，如图 3-1 所示。

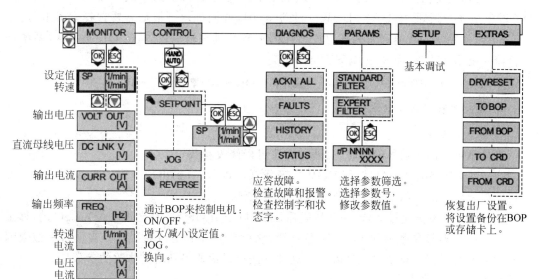

操作：点动
控制

操作：控制
电机反转

操作：控制
电机运行

图 3-1　BOP-2 操作面板的菜单及子菜单

2. 使用参数列表设置参数

BOP-2 操作面板提供了参数列表，参数号中存储了控制电机运行的参数值，但并不是所有的参数号都有赋值。下面介绍使用参数列表设置参数的方法。

1) 启用参数设置

按 ESC 键进入菜单选择,使用 UP(▲)或 DOWN(▼)键将菜单条移至 PARAMS,然后按 OK 键。这时默认显示 STANDARD(即标准级别)项,按 UP 或 DOWN 键将出现 EXPERT(即专家级别)项。标准级别会限制可用参数,即对危险参数的使用进行限制,而专家级别允许访问所有的参数。这里按 OK 键选择默认的标准级别。

操作步骤为:ESC→▲/▼→PARAMS→OK→STANDARD→OK。

2) 读取或修改参数列表中的参数

选择标准级别后弹出的第一个参数号 r2 显示在屏幕左侧且数字 2 闪烁,右侧显示所选编号的参数值。该参数号表示驱动的运行显示,r 表示参数为只读,不能更改。

按 UP 键弹出下一参数号 P3 且数字 3 闪烁。该参数号表示用于设置读写参数的权限;P 表示参数值可以更改。按 OK 键参数数值闪烁,处于可编辑状态,可使用 UP 或 DOWN 键编辑数值,按 OK 键确认数值,系统自动存储并提示 BUSY,完成后 BUSY 标志自动消失。

操作步骤为:STANDARD→OK→r2→▲→P3→OK→▲/▼→OK→BUSY。

按照这种方法可以读取或修改参数列表中的所有参数号和参数。

3) 修改参数索引

一些参数会存储多个数值。在这种情况下,按 OK 键并不能直接访问数值,而是会访问实际值上方的方括号中显示的索引,如[00]。

以"转速设定值选择"参数号 P1000 为例,其采用参数索引的方式。在 1000 闪烁时按 OK 键跳至[00]闪烁,按 UP 或 DOWN 键跳至[01]并闪烁。可根据需要选择索引编号,并按 OK 键,索引中的数值开始闪烁,按 UP 或 DOWN 键编辑该数值,按 OK 键确认,系统自动存储并提示 BUSY,完成后 BUSY 自动消失。

操作步骤为:P1000→OK→[00]→▲/▼→OK→▲/▼→OK→BUSY。

演示:BOP-2
面板快捷
设置参数

3. 修改参数号和参数数值

1) 修改参数号

当显示屏上的参数号闪烁时,有两种方法可以修改参数号。

(1) 用 UP 键提高参数号,用 DOWN 键降低参数号,直到出现所需的参数号。这种方法可能需要较长的时间才能得到所需修改的参数号。

(2) 长按 OK 键超过 2 秒,松开按键后,就可以使用 OK 键(移至下一位)、ESC 键(移至第一位)、UP 键(该位数值加 1)和 DOWN 键(该位数值减 1)更改参数号。当最后一位数闪烁时按 OK 键退回使整个参数号闪烁。这种方法可以快速得到所需修改的参数号。

2) 修改参数数值

当显示屏上的参数(整数或浮点数)闪烁时,有两种方法可以进行修改。

(1) 用 UP 键提高参数值,用 DOWN 键降低参数值,直到得到所需的数值。这种方法可能需要较长的时间才能得到所需修改的数值。

(2) 长按 OK 键超过 2 秒,松开按键后,就可使用 OK 键(移至下一位)、ESC 键(移至第一位)、UP 键(该位数值加 1)和 DOWN 键(该位数值减 1)更改参数数值。当最后一位数闪烁时修改完成并按 OK 键时系统自动存储并提示 BUSY,完成后 BUSY 标志自动消失。这种方法可以快速完成所需修改的参数数值。

4. 操作模式选择

通过功能键可以方便地操作电机。HAND/AUTO 键用于在 BOP-2（对应 HAND）和现场总线（对应 AUTO）之间切换命令源。在 HAND 模式下，屏幕中会显示手形图标 ✋，提示 HAND 模式激活。

在 HAND 模式下，ON/RUN 键（符号 ▌）和 OFF 键（符号 ○）键会起作用，变频器运行时屏幕中会显示运行图标 ✦；点动时会显示点动图标 **JOG**。而在 AUTO 模式下，这两个键会被禁用。

如果 HAND 模式激活，按下 HAND/AUTO 键将使变频器切换到 AUTO 模式；如果 AUTO 模式激活，按下 HAND/AUTO 键将使变频器切换到 HAND 模式。

在电机运行时仍可从 HAND 模式切换到 AUTO 模式，当然电机自动退出了 HAND 模式。

当变频器存在故障或报警时，屏幕中显示图标 ✖。

3.1.2 快速调试变频器

变频器第一次驱动电机运行前，需设置其内部参数与电机铭牌参数一致，使变频器工作在最佳状态。下面介绍用 BOP-2 操作面板集成的快速调试向导功能调试 G120 变频器。

微课：G120
变频器初始
化及电机静
态参数识别

1. 开始快速调试

按 ESC 进入菜单选择，使用 UP 或 DOWN 键将菜单条移至 SETUP，然后按 OK 键，屏幕将自动按调试顺序显示下一个参数，首先显示的是 RESET 项。

操作步骤为：ESC→▲/▼→SETUP→OK。

这时快速调试向导启动，一步一步引导设置所有相关的参数，即根据电机的要求，调整变频器的出厂设置参数值。

操作：变频器
初始化

2. 变频器复位为出厂设置值

当显示屏显示 RESET 时，按 OK 键。按 UP 或 DOWN 键将值改为 YES，按 OK 键，系统提示 BUSY 开始复位操作，完成后 BUSY 标志消失，系统自动提示 DONE，几秒后 DONE 标志消失，显示 DRV APPL P96。此时所有值均已恢复到出厂设置。

操作步骤为：RESET→OK→▲/▼→YES→OK→BUSY→DONE。

注意：调试向导的任何步骤均可通过按 DOWN 键跳过。按 UP 键即可返回上一项。对每个步骤按下 OK 键，屏幕将自动按调试顺序显示下一个参数。

3. 变频器和电机应用设置

1）设置应用级选项

在 DRV APPL P96 项按 OK 键显示 STANDARD 1，可按 UP 或 DOWN 键选择 NYNAMIC 2、EXPERT 0。P96 是应用级选项，这里选择 STANDARD 1，即标准 1。按 OK 键，系统保存数据并提示 BUSY，完成后接着显示 EUR/USA P100。

操作步骤为：DRV APPL P96→OK→STANDARD 1→OK→BUSY。

2）设置电机标准

在 EUR/USA P100 项按 OK 键显示 kW 50Hz 0,可按 UP 或 DOWN 键选择 HP 60Hz 1、kW 60Hz 2。P100 用来选择电机和变频器的功率设置是以 kW 还是 hp 为单位,以及电机额定频率设为 50Hz 还是 60Hz。选择 kW 50Hz 0 项,即 IEC 电机,功率设置以 kW 为单位,额定频率为 50Hz。按 OK 键,系统保存数据并提示 BUSY,完成后接着显示 INV VOLT P210。

操作步骤为:EUR/USA P100→OK→kW 50Hz 0→OK→BUSY。

3）设置变频器输入电压

在 INV VOLT P210 项按 OK 键显示 INV VOLT 400,可按 DOWN 键将电压调整为 380V。P210 用来设置变频器输入电压,它取决于功率单元的额定电压。按 OK 键,系统保存数据并提示 BUSY,完成后接着显示 MOT TYPE P300。

操作步骤为:INV VOLT P210→OK→INV VOLT 400→▼→OK→BUSY。

4）设置电机类型

在 MOT TYPE P300 项按 OK 键显示 INDUCT 1,可按 UP 或 DOWN 键选择多个选项。P300 用来选择电机类型,对于驱动三相交流异步电机的情况,应选择 INDUCT 1。按 OK 键,系统保存数据并提示 BUSY,完成后接着显示 87Hz(只有选择 IEC 作为电机标准,才显示该步骤),不选择 87Hz 应用。按 OK 键显示 MOT VOLT P304。

操作步骤为:MOT TYPE P300→OK→INDUCT 1→OK→BUSY→87Hz→OK→87Hz→no→OK。

4. 设置电机额定参数

本任务调试用的电机的参数:额定电压为三相交流 380V,额定频率为 50Hz,额定电流为 2.01,额定功率为 0.75kW,额定转速为 1400r/min。

1）设置电机额定电压

在 MOT VOLT P304 项按 OK 键显示 MOT VOLT 400V,可按 DOWN 键将电压调整为 380V。P304 用来设置电机额定电压。按 OK 键,系统保存数据并提示 BUSY,接着显示 MOT CURR P305。

操作步骤为:MOT VOLT P304→OK→MOT VOLT 400V→▼→OK→BUSY。

2）设置电机额定电流

在 MOT CURR P305 项按 OK 键显示 MOT CURR 3.10 A,可按 DOWN 键或快速修改参数数值的方法将电流调整为 2.01A。P305 用来设置电机额定电流。按 OK 键,系统保存数据并提示 BUSY,接着显示 MOT POW P307。

操作步骤为:MOT CURR P305→OK→MOT CURR 3.10 A→▼→OK→BUSY。

3）设置电机额定功率

在 MOT POW P307 项按 OK 键显示 MOT POW 1.10,可按 DOWN 键或快速修改参数数值的方法将电流调整为 0.75。P307 用来设置电机额定功率。按 OK 键,系统保存数据并提示 BUSY,接着显示 MOT FREQ P310。

操作步骤为:MOT POW P307→OK→MOT POW 1.10→▼→OK→BUSY。

4）设置电机额定频率

在 MOT FREQ P310 项按 OK 键显示 MOT FREQ 50.00Hz。P310 用来设置电机额

定频率,使用默认值即可。按 OK 键,系统保存数据并提示 BUSY,接着显示 MOT RPM P311。

操作步骤为：MOT FREQ P310→OK→MOT FREQ 50.00Hz→OK→BUSY。

5) 设置电机额定转速

在 MOT RPM P311 项按 OK 键显示 MOT RPM 1425.0r/min,可按 DOWN 键或快速修改参数数值的方法将转速调整为 1400.0。P311 用来设置电机额定转速。按 OK 键,系统保存数据并提示 BUSY,接着显示 MOT COOL P335。

操作步骤为：MOT RPM P311→OK→MOT RPM 1425.0r/min→▼→OK→BUSY。

5. 电机工作方式及参数设置

1) 设置电机冷却方式

在 MOT COOL P335 项按 OK 键显示 SELF 0,可按 UP 或 DOWN 键选择 FORCED 1、LIQUID 2、NO FAN 128。P335 是所使用电机冷却系统的设置,这里选择自冷 0。按 OK 键,系统保存数据并提示 BUSY,接着显示 TEC APPL P501。

操作步骤为：MOT COOL P335→OK→SELF 0→OK→BUSY。

2) 电机闭环控制基础设置

在 TEC APPL P501 项按 OK 键显示 PUMP FAN 1,可按 UP 或 DOWN 键选择 VEC STD 0。P501 是选择电机闭环控制的基础设置,PUMP FAN 为取决于转速的负载,典型应用为泵和风机。VEC STD 为恒定负载,典型应用为输送驱动。这里选择 PUMP FAN 1,按 OK 键,系统保存数据并提示 BUSY,接着显示 MAc PAr P15。

操作步骤为：TEC APPL P501→OK→PUMP FAN 1→OK→BUSY。

3) 设置与应用相适宜的变频器接口方式

在 MAc PAr P15 项按 OK 键显示 Fb cd5 7。P15 是宏文件应用设置,Fb cd5 7 为现场总线通信方式,可按 UP 或 DOWN 键选择宏设置选项,这里选择 Std ASP 12,即电机的启停通过数字量输入 DI0 控制,数字量输入 DI1 控制电机反向,转速通过模拟量输入 AI0 调节,默认−10V～10V 信号输入。系统保存数据并提示 BUSY,接着显示 MIN RPM P1080。

操作步骤为：MAc PAr P15→OK→Fb cd5 7→▲/▼→Std ASP 12→OK→BUSY。

4) 设置电机最小转速

在 MIN RPM P1080 项按 OK 键显示 MIN RPM 0.000r/min,可按 UP 键或快速修改参数数值的方法将转速调整。P1080 用来设置电机最小转速。按 OK 键,系统保存数据并提示 BUSY,接着显示 MAX RPM P1082。

操作步骤为：MIN RPM P1080→OK→MIN RPM 0.000r/min→OK→BUSY。

5) 设置电机最大转速

在 MAX RPM P1082 项按 OK 键显示 MAX RPM 1500.000r/min,可按 UP 或 DOWN 键或快速修改参数数值的方法调整转速,这里调整为 1400r/min。P1082 用来设置电机最大转速。按 OK 键,系统保存数据并提示 BUSY,接着显示 RAMP UP P1120。

操作步骤为：MAX RPM P1082→OK→MIN RPM 1500.000r/min→▼→OK→BUSY。

6) 设置斜坡函数发生器斜坡上升时间

在 RAMP UP P1120 项按 OK 键显示 RAMP UP 10.000,可按 UP 或 DOWN 键或快速修改参数数值的方法调整时间,这里保持不变。P1120 用来设置斜坡函数发生器的斜坡上升时间。按 OK 键,系统保存数据并提示 BUSY,接着显示 RAMP DWN P1121。

操作步骤为：RAMP UP P1120→OK→RAMP UP 10.000→▼→OK→BUSY。

7）设置斜坡函数发生器斜坡下降时间

在 RAMP DWN P1121 项按 OK 键显示 RAMP DWN 10.000，可按 UP 或 DOWN 键或快速修改参数数值的方法调整时间，这里保持不变。P1121 用来设置斜坡函数发生器的斜坡下降时间。按 OK 键，系统保存数据并提示 BUSY，接着显示 OFF3 RP P1135。

操作步骤为：RAMP DWN P1121→OK→RAMP DWN 10.000→▼→OK→BUSY。

8）设置 OFF3 快速停车时间

在 OFF3 RPP1135 项按 OK 键显示 OFF3 RP 0.000，可按 UP 或 DOWN 键或快速修改参数数值的方法调整时间，这里保持不变。P1135 用来设置执行 OFF3 指令时由最大转速下降到静止的斜坡下降时间。按 OK 键，系统保存数据并提示 BUSY，接着显示 MOT ID P1900。

操作步骤为：OFF3 RPP1135→OK→OFF3 RP 0.000→▼→OK→BUSY。

6. 电机数据检测设置

先选择变频器测量所连电机数据的方式，在 MOT ID P1900 项按 OK 键显示 STILL 2（电机数据检测，静止状态），可按 UP 或 DOWN 键选择 STILL ROT 1（电机数据检测和转速控制优化），ROT 3（转速控制优化，旋转运行）。这里选择 STILL ROT 1。P1900 用来对所连接的电机数据进行检测并对转速控制器优化，即对变频器中之前计算的数据与实际电机数据进行比对，并进行调整。只有快速调试完成且电机首次启动后，电机数据识别过程才会开始。按 OK 键，系统保存数据并提示 BUSY，接着显示 FINISH。

操作步骤为：MOT ID P1900→OK→STILL 2→▲/▼→STILL ROT 1→OK→BUSY。

7. 完成快速调试

在 FINISH 项按 OK 键显示 FINISH NO，按 UP 或 DOWN 键选择 YES，按 OK 键显示 BUSY，等待一段时间后显示 DONE，快速调试变频器就完成了。

操作步骤为：FINISH→OK→▲→YES→OK→BUSY→DONE。

此时已根据所选应用和电机规格完成了变频器的参数优化设置，等待电机静态参数识别。

8. 电机参数识别及运行

1）电机静态参数识别

G120 变频器快速调试参数完成后，需要对电机进行静态识别，以确保变频器建立的电机模型正确，保证控制精度。

按 HAND/AUTO 键，G120 变频器切换进入手动模式，屏幕中会显示手形图标。按|键启动变频器，静态识别开始，电机发出嗡嗡声，持续一段时间，识别结束后，变频器自动停机。然后就可以正常启动和停止变频器了。

2）变频器手动模式运行

在手动模式即显示手形图标的情况下，按|键，变频器启动，按▲键升速，按▼键降速，按○键停止。

3）变频器 I/O 接口方式运行

再次按 HAND/AUTO 键，切换到自动模式，此时屏幕中不显示手形图标。按下数字量输入 DI0 连接的按钮（带自保持功能），变频器启动；调节模拟量输入 AI0 连接的信号

（由电位计产生0～10V可调电压信号）实现变频器速度调节；按数字量输入DI1连接的按钮（带自保持功能）控制反转及正转；弹出数字量输入DI0连接的按钮，变频器停止运行。

9. 参数的保存和恢复

调试完成后变频器可将参数上传到BOP-2面板，这样在更换变频器时就可以从BOP-2面板直接下载参数，操作方法如下。

1）将变频器的参数组保存到BOP-2

在EXTRAS菜单，按OK键，按DOWN键，直至弹出TO BOP，按OK键。

操作步骤为：EXTRAS→OK→▼→TO BOP→OK。

2）BOP-2的参数组复制到变频器

在EXTRAS菜单，按OK键，再按DOWN键，直至弹出FROM BOP，按OK键。

操作步骤为：EXTRAS→OK→▼→FROM BOP→OK。

任务 3.2　G120变频器的宏及使能/正反转操作

本任务以G120变频器CU240E-2控制单元为例，介绍变频器宏的基本概念、类型和功能，以及宏的选择与设置，并对宏的应用进行举例说明。

3.2.1　G120变频器宏的基本概念

SINAMICS G120变频器为满足不同的接口定义，提供了多种预定义接口宏，每种宏对应着一种接线方式。选择其中一种宏后变频器会自动设置与其接线方式相对应的一些参数，这样方便了用户的参数设置及调试。在选用宏功能时应注意以下两点。

微课：变频
器宏的基
本概念

（1）如果其中一种宏定义的接口方式完全符合应用，那么按照该宏的接线方式设计原理图，并在调试时选择相应的宏功能即可方便地实现控制要求。

（2）如果所有宏定义的接口方式均不能完全符合应用，则可选择与所需要的接线比较相近的接口宏，然后根据需要来调整输入/输出的配置。

CU240E-2定义了21种宏，宏编号与宏功能见表3-1。每种宏的详细介绍参见西门子官网对应变频器控制单元的宏手册。

表 3-1　CU240E-2 宏编号与宏功能

宏编号	宏 功 能	控 制 方 式
1	双方向两线制控制，两个固定转速	启停控制：变频器采用两线制控制方式，电机的启停、旋转方向通过数字量输入控制。 速度调节：通过数字量输入选择，可以设置两个固定转速，数字量输入DI4接通时采用。 固定转速1，数字量输入DI5接通时采用固定转速2。DI4与DI5同时接通时采用固定转速1+固定转速2。P1003参数设置固定转速1，P1004参数设置固定转速2

续表

宏编号	宏　功　能	控　制　方　式
2	单方向两个固定转速,预留安全功能	启停控制:电机的启停通过数字量输入 DI0 控制。 速度调节:转速通过数字量输入选择,可以设置两个固定转速,数字量输入 DI0 接通时选择固定转速 1,数字量输入 DI1 接通时选择固定转速 2。多个 DI 同时接通将多个固定转速相加。P1001 参数设置固定转速 1,P1002 参数设置固定转速 2。注意,DI0 同时作为启停命令和固定转速 1 选择命令,也就是任何时刻固定转速 1 都会被选择。 安全功能:DI4 和 DI5 预留用于安全功能
3	单方向四个固定转速	启停控制:电机的启停通过数字量输入 DI0 控制。 速度调节:转速通过数字量输入选择,可以设置四个固定转速,数字量输入 DI0 接通时采用固定转速 1,数字量输入 DI1 接通时采用固定转速 2,数字量输入 DI4 接通时采用固定转速 3,数字量输入 DI5 接通时采用固定转速 4。多个 DI 同时接通将多个固定转速相加。P1001 参数设置固定转速 1,P1002 参数设置固定转速 2,P1003 参数设置固定转速 3,P1004 参数设置固定转速 4。 注意,DI0 同时作为启停命令和固定转速 1 选择命令,也就是任何时刻固定转速 1 都会被选择
4	现场总线 PROFIBUS/PROFINET 控制	启停控制:电机的启停、旋转方向通过 PROFIBUS/PROFINET 通信控制字控制。 速度调节:转速通过 PROFIBUS/PROFINET 通信控制。 报文类型:352 报文
5	现场总线 PROFIBUS/PROFINET 控制,预留安全功能	启停控制:电机的启停、旋转方向通过 PROFIBUS/PROFINET 通信控制字控制。 速度调节:转速通过 PROFIBUS/PROFINET 通信控制。 报文类型:352 报文。 安全功能:DI4 和 DI5 预留用于安全功能
6	现场总线 PROFIBUS/PROFINET 控制,预留两项安全功能	启停控制:电机的启停、旋转方向通过 PROFIBUS/PROFINET 通信控制字控制。 速度调节:转速通过 PROFIBUS/PROFINET 通信控制。 报文类型:标准报文 1。 安全功能:DI0 和 DI1、DI4 和 DI5 预留用于安全功能
7	现场总线 PROFIBUS/PROFINET 控制和点动切换	描述:变频器提供两种控制方式,通过数字量输入 DI3 切换控制方式,DI3 断开为远程控制,DI3 接通为本地控制。 远程控制:电机的启停、旋转方向、速度设定值通过 PROFIBUS/PROFINET 总线控制。报文类型为标准报文 1。 本地控制:数字量输入 DI0、DI1 控制点动 JOG1 和点动 JOG2,点动速度在 P1058、P1059 中设置
8	端子启动,电动电位器(MOP)调速,预留安全功能	启停控制:电机的启停通过数字量输入 DI0 控制。 速度调节:转速通过电动电位器(MOP)调节,数字量输入 DI1 接通电机正向升速(或反向降速),数字量输入 DI2 接通电机正向降速(或反向升速)。 安全功能:DI4 和 DI5 预留用于安全功能

续表

宏编号	宏 功 能	控 制 方 式
9	端子启动，电动电位器（MOP）调速	启停控制：电机的启停通过数字量输入 DI0 控制。 速度调节：转速通过电动电位器（MOP）调节，数字量输入 DI1 接通电机正向升速（或反向降速），数字量输入 DI2 接通电机正向降速（或反向升速）
12	端子启动模拟量调速	启停控制：电机的启停通过数字量输入 DI0 控制，数字量输入 DI1 用于电机反向。 速度调节：转速通过模拟量输入 AI0 调节，AI0 默认为 $-10\text{V} \sim +10\text{V}$ 输入方式
13	端子启动模拟量调速，预留安全功能	启停控制：电机的启停通过数字量输入 DI0 控制，数字量输入 DI1 用于电机反向。 速度调节：转速通过模拟量输入 AI0 调节，AI0 默认为 $-10\text{V} \sim +10\text{V}$ 输入方式。 安全功能：DI4 和 DI5 预留用于安全功能
14	现场总线 PROFIBUS/PROFINET 控制和电动电位器（MOP）切换	描述：变频器提供两种控制方式，通过 PROFIBUS/PROFINET 控制字第 15 位切换控制方式，第 15 位为 0 时为远程控制，第 15 位为 1 时为本地控制。 远程控制：电机的启停、旋转方向、速度设定值通过 PROFIBUS/PROFINET 总线控制。报文类型为标准报文 20。 本地控制：电机的启停通过数字量输入 DI0 控制。转速通过电动电位器（MOP）调节，数字量输入 DI4 接通电机正向升速（或反向降速），数字量输入 DI5 接通电机正向降速（或反向升速）。 注意，无论远程控制还是本地控制，数字量输入 DI1 断开时都会触发变频器外部故障
15	模拟给定和电动电位器（MOP）切换	描述：变频器提供两种控制方式，通过数字量输入 DI3 切换控制方式，DI3 断开为远程控制，DI3 接通为本地控制。 远程控制：电机的启停通过数字量输入 DI0 控制。转速通过模拟量输入 AI0 调节，AI0 默认为 $-10\text{V} \sim +10\text{V}$ 输入方式。 本地控制：电机的启停通过数字量输入 DI0 控制。转速通过电动电位器（MOP）调节，数字量输入 DI4 接通电机正向升速（或反向降速），数字量输入 DI5 接通电机正向降速（或反向升速）。 注意，无论远程控制还是本地控制，数字量输入 DI1 断开时都会触发变频器外部故障
17	双方向两线制控制，模拟量调速（方法 2）	启停控制：电机正转启动通过数字量输入 DI0 控制，电机反转启动通过数字量输入 DI1 控制。 速度调节：转速通过模拟量输入 AI0 调节，AI0 默认为 $-10\text{V} \sim +10\text{V}$ 输入方式
18	双方向两线制控制，模拟量调速（方法 3）	启停控制：电机正转启动通过数字量输入 DI0 控制，电机反转启动通过数字量输入 DI1 控制。 速度调节：转速通过模拟量输入 AI0 调节，AI0 默认为 $-10\text{V} \sim +10\text{V}$ 输入方式

续表

宏编号	宏 功 能	控 制 方 式
19	双方向三线制控制,模拟量调速(方法 1)	启停控制:三线制控制方式,电机启停使用不同的信号。数字量输入 DI0 断开时电机停止,数字量输入 DI1(脉冲)正转启动电机,数字量输入 DI2(脉冲)反转启动电机。 速度调节:转速通过模拟量输入 AI0 调节,AI0 默认为 $-10\text{V}\sim +10\text{V}$ 输入方式
20	双方向三线制控制,模拟量调速(方法 2)	启停控制:三线制控制方式,电机启停使用不同的信号。数字量输入 DI0 断开时电机停止,数字量输入 DI1(脉冲)正转启动电机,数字量输入 DI2 接通电机反向。 速度调节:转速通过模拟量输入 AI0 调节,AI0 默认为 $-10\text{V}\sim +10\text{V}$ 输入方式
21	现场总线 USS 控制	启停控制:电机的启停、旋转方向通过 USS 总线控制。 速度调节:转速通过 USS 总线控制。 USS 通信控制字和状态字与 PROFIBUS/PROFINET 通信控制字和状态字相同

其中,本地控制和远程控制切换主要用于现场(本地)手动控制、人机界面(远程)自动控制的切换。变频器软件本身默认有 2 套命令数据组(CDS0/CDS1),最多可以选择 4 套命令数据组(CDS0/CDS1/CDS2/CDS3),在每套参数内设置不同的命令源和给定值源,通过选择不同的命令数据组(CDS)从而实现本地/远程控制的切换。当宏程序可以实现要求的控制方式切换时,应选择对应的宏程序。

CU240E-2 PN 中提供了三种可以进行本地控制和远程控制间切换的宏功能,分别为宏程序 7(现场总线 PROFINET 控制和点动切换)、宏程序 14(现场总线 PROFINET 控制和电动电位器 MOP 切换)和宏程序 15(模拟给定和电动电位器 MOP 切换)。其中宏程序 7 通过数字量输入 DI3 切换控制方式,DI3 断开时选择 PROFINET 控制方式,DI3 接通时选择点动控制方式;宏程序 14 通过 PROFINET 控制字 1 第 15 位切换控制方式,控制字 1 第 15 位为 0 时选择 PROFINET 总线控制,控制字 1 第 15 位为 1 时控制方式为端子启动,电动电位器(MOP)调速;宏程序 15 通过数字量输入 DI3 切换控制方式,DI3 断开时选择模拟量设定方式,DI3 接通时选择电动电位器(MOP)设定方式。

当宏程序无法满足设计要求时,通过改变参数 P810、P811 所定义的信号源的状态来选择命令数据组(CDS),选择方法见表 3-2。

表 3-2　定义信号源选择命令数据组

选择的命令数据组	P810 命令数据组选择位 1 信号源	P811 命令数据组选择位 0 信号源
CDS0	0	0
CDS1	0	1
CDS2	1	0
CDS3	1	1

3.2.2　G120变频器宏的设置及调试

微课：G120 变频器宏的 设置及调试

1. G120变频器宏的设置

通过参数P15修改宏，修改P15参数的步骤为：设置P10＝1；修改P15；设置P10＝0。只有在设置P10＝1时，变频器处于快速调试状态，此时才能修改P15参数。

设置预定义接口宏，可以定义变频器用什么信号控制启动，以及用什么信号控制输出频率，在预定义接口宏不能完全符合要求时，应根据需要通过BICO功能来调整指令源和设定值源。

1）指令源

指令源是指变频器收到控制指令的接口。在CU240E-2的参数表中，BICO参数名称的前面冠有以下字样：BI、BO、CI、CO或CO/BO。可以通过BICO参数确定功能块输入信号的来源，确定功能块是从哪个模拟量接口或数字量接口读取输入信号的，这样即可通过调整BICO参数设置指令源和设定值源。BICO的参数功能见表3-3。

表3-3　BICO的参数功能

类型	功　能	说　明
BI	二进制互联输入	参数作为某个功能的二进制输入接口，通常与"P参数"对应
BO	二进制互联输出	参数作为二进制输出信号，通常与"r参数"对应
CI	模拟量互联输入	参数作为某个功能的模拟量输入接口，通常与"P参数"对应
CO	模拟量互联输出	参数作为模拟量输出信号，通常与"r参数"对应
CO/BO	模拟量/二进制互联输出	将多个二进制信号合并为一个字（16位）的参数，该字中的每一位都表示一个二进制互联输出信号，16位合并在一起表示一个模拟量互联输出信号

设置预定义接口宏P15时，变频器会自动对指令源进行定义。例如r722.0…5，r2090.0…1等均为指令源，部分指令源举例见表3-4。修改指令源的方法有两种，可以重新选择一种变频器接口的分配方案，即重新选择预定义接口宏，或者调整各个数字量输入的功能、修改现场总线的接口。

表3-4　指令源设置举例

参　数　号	参　数　值	说　明
P840	r722.0	将数字量输入DI0定义为启动命令
	r2090.0	将现场总线控制字1的第0位定义为启动命令
P844	r722.2	将数字量输入DI2定义为OFF2命令
	r2090.1	将现场总线控制字1的第1位定义为OFF2命令
P2103	r722.3	将数字量输入DI3定义为故障复位命令

2）设定值源

设定值源指变频器收到设定值的接口，变频器通过设定值源收到主设定值，主设定值通常是电机转速。在设置预定义接口宏P15时，变频器会自动对设定值源进行定义。主设定值的来源可以是变频器的模拟量输入、变频器的现场总线接口、变频器内模拟的电动电位器以及变频器内保存的固定设定值，上述来源也可以是附加设定值的来源。当工艺控制器激活时、JOG 激活时或由操作面板或 PC 工具 STARTER 控制时,变频器控制会从主设定值切换为其他设定值。

主设定值 P1070 的常用设定值源见表 3-5。其中,r1050、r755.0、r1024、r2050.1、r755.1 均为设定值源。

表 3-5　主设定值的常用设定值源

参　数　号	参　数　值	说　　明
P1070	r1050	将电动电位计作为主设定值
	r755.0	将模拟量输入 AI0 作为主设定值
	r1024	将固定转速作为主设定值
	r2050.1	将现场总线作为主设定值
	r755.1	将模拟量输入 AI1 作为主设定值

当 P1070＝r1024 时,转速固定设定值作为主设定值,对应的宏有宏 1、宏 2 以及宏 3;当 P1070＝r2050.1 时,现场总线控制主设定值,对应的宏有宏 4、宏 5、宏 6、宏 7(远程)、宏 14(远程)以及宏 21;当 P1070＝r1050 时,电动电位器(MOP)设定值作为主设定值,对应的宏有宏 8、宏 9、宏 14(本地)以及宏 15(本地);当 P1070＝r755.0 时,模拟量输入 AI0 作为主设定值,对应的宏有宏 12、宏 13、宏 15(远程)、宏 17、宏 18、宏 19 以及宏 20。主设定值的不同设置方式以及对应的宏见表 3-6。

表 3-6　主设定值不同设置方式及对应的宏

主　设　定　值	对　应　宏
转速固定设定值作为主设定值 (P1070＝r1024)	宏 1:双方向两线制控制,两个固定转速
	宏 2:单方向两个固定转速,预留安全功能
	宏 3:单方向四个固定转速
现场总线控制主设定值(P1070＝r2050.1)	宏 4:现场总线 PROFIBUS/PROFINET 控制
	宏 5:现场总线 PROFIBUS/PROFINET 控制,预留安全功能
	宏 6:现场总线 PROFIBUS/PROFINET 控制,预留两项安全功能
	宏 7(远程):现场总线 PROFIBUS/PROFINET 控制和点动切换
	宏 14(远程):现场总线 PROFIBUS/PROFINET 控制和电动电位器(MOP)切换
	宏 21:现场总线 USS 控制
电动电位器(MOP)设定值作为主设定值(P1070＝r1050)	宏 8:端子启动,电动电位器(MOP)调速,预留安全功能
	宏 9:端子启动,电动电位器(MOP)调速
	宏 14(本地):现场总线 PROFIBUS/PROFINET 控制和电动电位器(MOP)切换
	宏 15(本地):模拟量给定和电动电位器(MOP)切换
模拟量输入 AI0 作为主设定值(P1070＝r755.0)	宏 12:端子启动模拟量调速
	宏 13:端子启动模拟量调速,预留安全功能
	宏 15(远程):模拟量给定和电动电位器(MOP)切换
	宏 17:双方向两线制控制,模拟量调速(方法 2)
	宏 18:双方向两线制控制,模拟量调速(方法 3)
	宏 19:双方向三线制控制,模拟量调速(方法 1)
	宏 20:双方向三线制控制,模拟量调速(方法 2)

2. 宏的应用

示例1：采用 G120 变频器控制电机的转速，通过参数设置实现电机运转调控：用 DI0 控制变频器故障复位；用 DI1 控制变频器使能；转速通过电动电位器（MOP）调节，数字量输入 DI2 接通电机正向升速，数字量输入 DI3 接通电机正向降速。

解读：根据应用要求，系统控制方式为"端子启动，电动电位器（MOP）调速"，通过查找宏手册，可以看出，符合该控制方式的宏有宏指令8（端子启动，电动电位器（MOP）调速，预留安全功能）和宏指令9（端子启动，电动电位器 MOP 调速），本示例选用宏指令9。

在宏指令9中，电机的启停通过数字量输入 DI0 控制，转速通过电动电位器（MOP）调节，数字量输入 DI1 接通电机正向升速（或反向降速），数字量输入 DI2 接通电机正向降速（或反向升速）。宏指令9的接线图如图3-2所示。

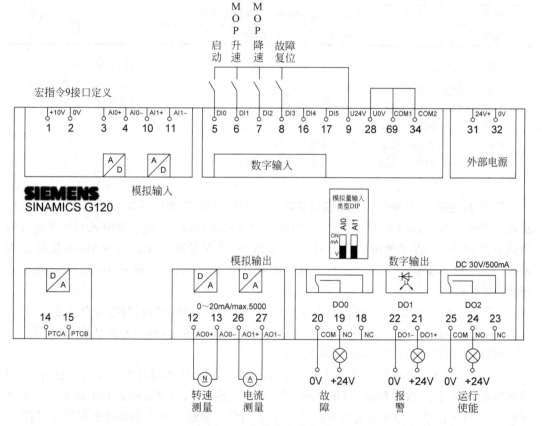

图 3-2　宏指令 9 接线图

设置 P15＝9 后，变频器自动设置的参数以及需要手动设置的参数见表3-7。

根据应用要求，需要对参数进行调整，将变频器故障复位命令修改为 DI0，将变频器启动命令修改为 DI1，将电机正向升速命令修改为 DI2，将电机正向降速命令修改为 DI3。因此，参数设置过程如下。

表 3-7　宏指令 9 参数设置

变频器自动设置的参数

参数号	参数值	说　明	参数组
P840	r722.0	数字量输入 DI0 作为启动命令	CDS0
P1035	r722.1	数字量输入 DI1 作为 MOP 正向升速命令(或反向降速)	CDS0
P1036	r722.2	数字量输入 DI2 作为 MOP 正向降速命令(或反向升速)	CDS0
P2103	r722.3	数字量输入 DI3 作为故障复位命令	CDS0
P1070	r1050	电动电位器(MOP)设定值作为主设定值	CDS0

需要手动设置的参数

参数号	参数值	说　明	单位
P1037	1500.0	电动电位器(MOP)正向最大转速	r/min
P1038	−1500.0	电动电位器(MOP)反向最大转速	r/min
P1040	0.0	电动电位器(MOP)初始转速	r/min

P10 = 1(进入快速调试)

P15 = 9(设置宏指令 9)

P840 = r722.1(数字量输入 DI1 控制变频器使能)

P1035 = r722.2(数字量输入 DI2 接通电机正向升速)

P1036 = r722.3(数字量输入 DI3 接通电机正向降速)

P2103 = r722.0(数字量输入 DI0 控制变频器故障复位)

P10 = 0(准备就绪)

示例 2：在电厂煤炭码头自动输煤系统中，通过 G120 变频器控制皮带输送机的转速，从而调节传送带的运行速度。通过参数设置实现电机运转调控：数字量输入 DI0 作为变频器故障复位命令，数字量输入 DI1 作为启动命令，数字量输入 DI2 接通时，电机转速为 800r/min；数字量输入 DI3 接通时，电机转速为 500r/min；数字量输入 DI4 接通时，电机转速为 200r/min。

解读：根据应用要求，系统控制方式为"端子启动，固定转速控制"，通过查找宏手册，可以看出，符合该控制方式的宏有宏指令 2(单方向两个固定转速，预留安全功能)和宏指令 3(单方向四个固定转速)，本示例选用宏指令 3。

在宏指令 3 中，电机的启停通过数字量输入 DI0 控制，转速通过数字量输入选择，可以设置四个固定转速，数字量输入 DI0 接通时采用固定转速 1，数字量输入 DI1 接通时采用固定转速 2，数字量输入 DI4 接通时采用固定转速 3，数字量输入 DI5 接通时采用固定转速 4。多个 DI 同时接通将多个固定转速相加。P1001 参数设置固定转速 1，P1002 参数设置固定转速 2，P1003 参数设置固定转速 3，P1004 参数设置固定转速 4。此时 DI0 同时作为启停命令和固定转速 1 选择命令，也就是任何时刻固定转速 1 都会被选择。宏指令 3 的接线图如图 3-3 所示。

设置 P15＝3 后，变频器自动设置的参数以及需要手动设置的参数见表 3-8。

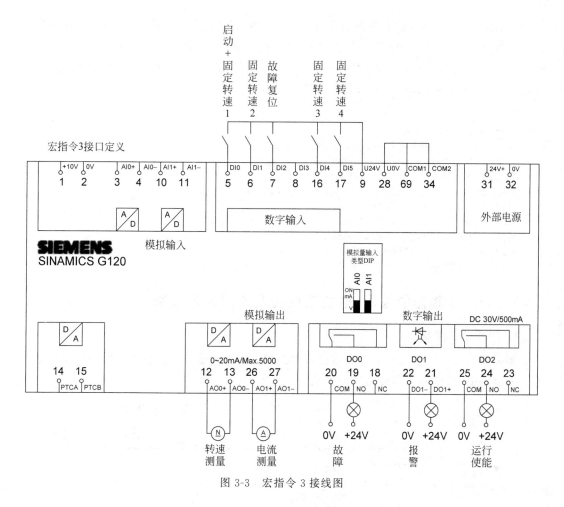

图3-3　宏指令3接线图

表3-8　宏指令3参数设置

变频器自动设置的参数			
参数号	参数值	说　　明	参数组
P840	r722.0	数字量输入 DI0 作为启动命令	CDS0
P1020	r722.0	数字量输入 DI0 作为固定转速 1 选择	CDS0
P1021	r722.1	数字量输入 DI1 作为固定转速 2 选择	CDS0
P1022	r722.4	数字量输入 DI4 作为固定转速 3 选择	CDS0
P1023	r722.5	数字量输入 DI5 作为固定转速 4 选择	CDS0
P2103	r722.2	数字量输入 DI2 作为故障复位命令	CDS0
P1070	r1024	转速固定设定值作为主设定值	CDS0
需要手动设置的参数			
参数号	参数值	说　　明	单位
P1001	0.0	固定转速 1	r/min
P1002	0.0	固定转速 2	r/min
P1003	0.0	固定转速 3	r/min
P1004	0.0	固定转速 4	r/min

根据应用要求,需要对参数进行调整,将变频器故障复位命令修改为 DI0,将变频器启动命令修改为 DI1,数字量输入 DI2 作为固定转速 1 选择,固定速度 1 为 800r/min;数字量输入 DI3 作为固定转速 2 选择,固定速度 2 为 500r/min;数字量输入 DI4 作为固定转速 3 选择,固定速度 3 为 200r/min。因此,参数设置过程如下。

P10 = 1(进入快速调试)
P15 = 3(设置宏指令 9)
P840 = r722.1(数字量输入 DI1 控制变频器使能)
P1020 = r722.2(数字量输入 DI2 作为固定转速 1 选择)
P1021 = r722.3(数字量输入 DI3 作为固定转速 2 选择)
P1022 = r722.4(数字量输入 DI4 作为固定转速 3 选择)
P1001 = 800(固定速度 1 为 800r/min)
P1002 = 500(固定速度 2 为 500r/min)
P1003 = 200(固定速度 3 为 200r/min)
P2103 = r722.0(数字量输入 DI0 控制变频器故障复位)
P10 = 0(准备就绪)

微课:变频器
使能、电机
正反转及速
度给定

3.2.3　变频器的使能、电机正反转及速度给定控制

1. 速度给定控制

变频器通过设定值源收到主设定值,模拟量输入、现场总线、电动电位器和固定转速均可作为设定值源,变频器的设定值源如图 3-4 所示。

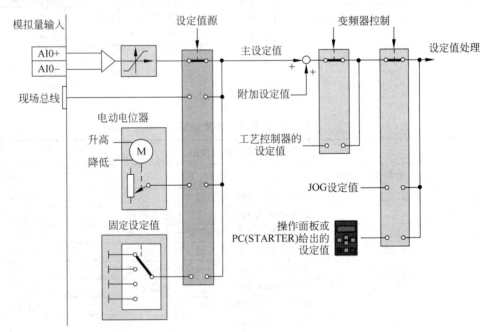

图 3-4　变频器的设定值源

1) 模拟量输入设为设定值源

使用模拟量输入设为设定值源,需要将主设定值的参数和一个模拟量输入互联在一起。例如,采用模拟量输入 AI0 作为主设定值时,需要将主设定值与模拟量输入 AI0 互联,如图 3-5 所示。

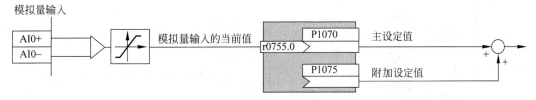

图 3-5　模拟量输入 AI0 为主设定值

从图 3-5 可知,主设定值对应参数为 P1070,设置 P1070＝r755.0 让主设定值与模拟量输入 AI0 互联,此种设定速度的方式,对应的宏有宏 12、宏 13、宏 15(远程)、宏 17、宏 18、宏 19 以及宏 20。

使用模拟量输入作为主设定值时,必须根据相连信号调整模拟量输入,变频器提供了多种模拟量输入模式,可以使用参数 P756 进行选择,见表 3-9。其中,宏定义的默认模拟量输入类型为－10V～＋10V 电压输入,模拟量输出类型为 0～20mA 电流输出,通过参数可修改模拟量信号的类型。

表 3-9　模拟量输入类型选择

参 数 号	设 定 值	说　　　明
P756	0	单极性电压输入 0～10V
	1	单极性电压输入,带监控＋2V～＋10V
	2	单极性电流输入 0～＋20mA
	3	单极性电流输入,带监控＋4mA～＋20mA
	4	双极性电压输入(出厂设置)－10V～＋10V
	8	未连接传感器

其中,"带监控"是指模拟量输入通道具有监控功能,能够检测断线。用 P756 修改了模拟量输入的类型后,变频器会自动调整模拟量输入的定标。线性的定标曲线由两个点(P757,P758)和(P759,P760)确定。参数 P757/P758/P759/P760 的一个索引分别对应了一个模拟量输入。例如,P756＝4 时电压输入－10V～＋10V,此时定标曲线如图 3-6 所示。

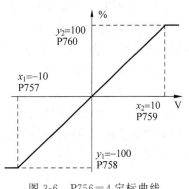

图 3-6　P756＝4 定标曲线

2) 现场总线设为设定值源

使用现场总线作为设定值源时,必须将变频器连到上位控制器上,使现场总线与主设定值互联。大多数标准报文将转速设定值作为第二个过程数据 PZD2 来接收,现场总线为主设定值如图 3-7 所示。

从图 3-7 可知,当 P1070＝r2050.1 时,现场总线控制主设定值,主设定值与现场总线的过程数据 PZD2 互联,对应的宏有宏 4、宏 5、宏 6、宏 7(远程)、宏 14(远程)以及宏 21。

3) 电动电位器设为设定值源

使用电动电位器作为设定值源时,电动电位器的输出值可通过控制信号进行升高和降低,并连续调整。电动电位器为主设定值如图 3-8 所示。

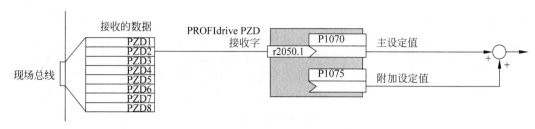

图 3-7　现场总线为主设定值

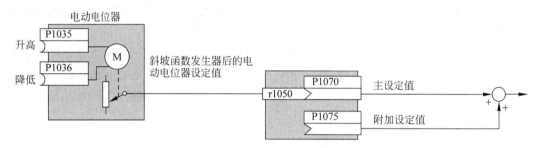

图 3-8　电动电位器为主设定值

从图 3-8 可知,当 P1070＝r1050 时,电动电位器(MOP)设定值作为主设定值,P1035 控制电动电位器设定值升高,P1036 控制电动电位器设定值降低,P1035 和 P1036 均可选择数字量输入进行互联。这种速度设定方法对应的宏有宏 8、宏 9、宏 14(本地)以及宏 15(本地)。

此外,还有电动电位器的基本参数如 P1047(MOP 加速时间)、P1048(MOP 减速时间)和 P1040(MOP 初始值)可以进行设置。

操作:按钮控制固定速度

4) 固定转速设为设定值源

在许多应用中,只需要电机在通电后以固定转速运转,或在不同的固定转速之间来回切换,使用固定转速作为设定值源时,主设定值与固定转速互联,实现电机多段速运行。固定设定值可通过数字量输入或现场总线来选择。当 P1070＝r1024 时,转速固定设定值作为主设定值,对应的宏有宏 1、宏 2 以及宏 3。固定设定值的选择有直接选择和二进制选择两种方式。

直接选择固定设定值,可设置四个不同的固定速度,一个数字量输入选择一个固定设定值,通过添加一个到四个固定设定值,多个数字输入量同时激活时,选定的设定值是对应固定设定值的叠加。直接选择模式适合于通过数字量输入控制变频器。采用直接选择模式需要设置 P1016＝1。直接选择固定设定值见表 3-10。

表 3-10　直接选择固定设定值

参数号	说　　明	参数号	说　　明
P1020	固定设定值 1 的选择信号	P1001	固定设定值 1
P1021	固定设定值 2 的选择信号	P1002	固定设定值 2
P1022	固定设定值 3 的选择信号	P1003	固定设定值 3
P1023	固定设定值 4 的选择信号	P1004	固定设定值 4

二进制选择固定设定值,4 个数字量输入通过二进制编码方式选择固定设定值,使用这种方法最多可以选择 15 个固定转速。采用二进制选择模式需要设置 P1016＝2。数字输入

不同的状态对应的固定设定值见表 3-11。

表 3-11　二进制选择固定设定值

固定设定值	P1023 选择的DI 状态	P1022 选择的DI 状态	P1021 选择的DI 状态	P1020 选择的DI 状态
P1001 固定设定值 1				1
P1002 固定设定值 2			1	
P1003 固定设定值 3			1	1
P1004 固定设定值 4		1		
P1005 固定设定值 5		1		1
P1006 固定设定值 6		1	1	
P1007 固定设定值 7		1	1	1
P1008 固定设定值 8	1			
P1009 固定设定值 9	1			1
P1010 固定设定值 10	1		1	
P1011 固定设定值 11	1		1	1
P1012 固定设定值 12	1	1		
P1013 固定设定值 13	1	1		1
P1014 固定设定值 14	1	1	1	
P1015 固定设定值 15	1	1	1	1

示例：在铣床自动控制系统中，控制台上有红、黄、蓝三个按钮，红色按钮实现铣床启动；按下黄色按钮，三相交流电机以 100r/min 速度运行，此时可用于加工 A 零件；按下蓝色按钮，三相交流电机以 1000r/min 速度运行，此时可用于加工 B 零件；同时按下黄色和蓝色按钮，三相交流电机以 1400r/min 速度运行，此时可用于加工 C 零件。请通过参数设置实现上述功能。

解读：根据应用要求，系统控制方式为"端子启动，固定转速控制"，通过查找宏手册，可以看出，符合该控制方式的宏有宏指令 2（单方向两个固定转速，预留安全功能）和宏指令 3（单方向四个固定转速），本示例选用宏指令 3。由于直接选择固定速度时，多个数字输入量同时激活，则选定的设定值是对应固定设定值的叠加，不能满足应用要求，因此应选择二进制模式进行固定速度选择。

实现本应用要求的固定速度设置方法及数字量输入分配不唯一，本例仅展示其中一种，其参数设置见表 3-12。注意，在参数设置前先将 P10 修改为 1，进入快速调试，参数设置完成后，将 P10 修改为 0，变频器准备就绪。

表 3-12　示例参数设置

参数号	参数值	说　明	参数组
P15	3	宏指令 3：单方向四个固定转速	CDS0
P1016	2	固定转速采用二进制选择方式	CDS0
P840	r722.0	数字量输入 DI0 作为启动命令	CDS0
P1020	r722.1	数字量输入 DI1 作为固定转速 1 选择	CDS0

续表

参数号	参数值	说　明	参数组
P1021	r722.2	数字量输入 DI2 作为固定转速 2 选择	CDS0

固定转速设置

参数号	参数值	说　明	单位
P1001	100	固定转速 1	r/min
P1002	1000	固定转速 2	r/min
P1003	1400	固定转速 3	r/min

微课：按钮
控制启动
正反转

2. 变频器使能及电机正反转控制

在实际应用中,如果需要数字量输入作为控制变频器启停的指令源,则通过修改参数 P15 选择不同的宏指令,来定义数字量输入如何启动/停止电机、如何在正转和反转之间进行切换。有五种方法可用于变频器使能及电机正反转控制,其中三种方法通过两个控制指令进行控制(双线制控制),另外两种方法需要三个控制指令(三线制控制)。在 CU240E-2 PN 中,2/3 线制控制包括宏 12(端子启动,模拟量调速)、宏 17(双方向两线制控制,模拟量调速)、宏 18(双方向两线制控制,模拟量调速)、宏 19(双方向三线制控制,模拟量调速)和宏 20(双方向三线制控制,模拟量调速)。2/3 线制控制及对应宏指令见表 3-13。

表 3-13　2/3 线制控制对应宏指令

控 制 指 令	对 应 宏
双线制控制(方法 1) (1) 正转启动(ON/OFF1); (2) 切换电机旋转方向(反向)	宏 12:端子启动,模拟量调速
双线制控制(方法 2、方法 3) (1) 正转启动(ON/OFF1); (2) 反转启动(ON/OFF1)	宏 17:双方向两线制控制,模拟量调速 宏 18:双方向两线制控制,模拟量调速
三线制控制(方法 1) (1) 断开停止电机(OFF1); (2) 脉冲正转启动; (3) 脉冲反转启动	宏 19:双方向三线制控制,模拟量调速
三线制控制(方法 2) (1) 断开停止电机(OFF1); (2) 脉冲正转启动; (3) 切换电机旋转方向(反向)	宏 20:双方向三线制控制,模拟量调速

其中,双线制控制(方法 1)通过一个控制指令 ON/OFF1 控制电机的启停,通过另一个控制指令控制电机的正转、反转,参数设置见表 3-14。

表 3-14 双线制控制（方法 1）参数设置

参　数	描　述		
P15＝12	变频器宏程序		
	使用变频器的数字量输入来控制电机	DI0	DI1
		ON/OFF1	反向
P840[0…n]＝722.x	BI: ON/OFF1		
P1113[0…n]＝722.x	BI: 设定值取反（反向）		

双线制控制（方法 2）中，第一个控制指令（ON/OFF1）用于接通和关闭电机，并同时选择电机的正转。第二个控制指令同样用于接通和关闭电机，同时选择电机的反转，仅在电机静止时变频器才会接收新指令，参数设置见表 3-15。

表 3-15 双线制控制（方法 2）参数设置

参　数	描　述		
P15＝17	变频器宏程序		
	使用变频器的数字量输入来控制电机	DI0	DI1
		ON/OFF1 正转	ON/OFF1 正转
扩展设置：将控制指令与选择的数字量输入（DIx）互联			
P3330[0…n]＝722.x	BI: 2 线制/3 线制控制指令 1（ON/OFF1 正转）		
P3331[0…n]＝722.x	BI: 2 线制/3 线制控制指令 2（ON/OFF1 反转）		

双线制控制（方法 3）的两个控制指令与双线制控制（方法 2）的一致，二者区别在于，双线制控制方法 2 只能在电机停止时接受新的控制指令，如果控制指令 1 和 2 同时接通，电机按照之前的旋转方向旋转。双线制控制方法 3 可以在任何时刻接受新的控制指令，如果控制指令 1 和 2 同时接通，电机将按照 OFF1 斜坡停止。双线制控制（方法 3）对应的宏指令为 18。

三线制控制（方法 1）中，第一个控制指令用于使能另外两个控制指令，取消使能后，电机关闭（OFF1）；第二个控制指令的上升沿将电机切换至正转，若电机处于未接通状态，则会接通电机（ON）；第三个控制指令的上升沿将电机切换至反转。若电机处于未接通状态，则会接通电机（ON），参数设置见表 3-16。

表 3-16 三线制控制（方法 1）参数设置

参　数	描　述			
P15＝19	变频器宏程序			
	通过变频器的数字量输入来控制电机	DI0	DI1	DI2
		使能/OFF1	ON 正转	ON 反转
扩展设置：将控制指令与选择的数字量输入（DIx）互联				
P3330[0…n]＝722.x	BI: 2 线制/3 线制控制指令 1（使能/OFF1）			
P3331[0…n]＝722.x	BI: 2 线制/3 线制控制指令 2（ON 正转）			
P3332[0…n]＝722.x	BI: 2 线制/3 线制控制指令 2（ON 反转）			

三线制控制（方法 2）中，第一个控制指令用于使能另外两个控制指令，取消使能后，电机关闭（OFF1）；第二个控制指令的上升沿接通电机（ON）；第三个控制指令确定电机的旋转方向（换向），参数设置见表 3-17。

表 3-17　三线制控制(方法 2)参数设置

参　　数	描　　述			
P15＝19	变频器宏程序			
	通过变频器的数字量输入来控制电机	DI0	DI1	DI2
		使能/OFF1	ON	换向
扩展设置:将控制指令与选择的数字量输入(DIx)互联				
P3330[0…n]＝722.x	BI:2 线制/3 线制控制指令 1(使能/OFF1)			
P3331[0…n]＝722.x	BI:2 线制/3 线制控制指令 2(ON)			
P3332[0…n]＝722.x	BI:2 线制/3 线制控制指令 2(换向)			

　　示例:在行车使用过程中,为防止驱动大车行走的电机在运行中不同步,造成行车相对于轨道的偏移,为此采用 G120 变频器精确控制电机的转速,保证行车平稳运行并可自动调节大车运行速度。

　　请通过参数设置实现电机运转调控:用 DI2 控制变频器使能;DI3 控制行车电机反转;转速通过模拟量输入 AI0(−10V～+10V)调节。

　　解读:根据应用要求,系统控制方式为"端子启动,模拟量调速",通过查找宏手册,可以看出,符合该控制方式的宏有宏指令 12(端子启动模拟量调速)、宏指令 13(端子启动模拟量调速预留安全功能)、宏指令 17(双方向两线制控制,模拟量调速)和宏指令 18(双方向两线制控制,模拟量调速),本示例选用宏指令 12。

　　在宏指令 12 中,电机的启停通过数字量输入 DI0 控制,数字量输入 DI1 用于电机反向。转速通过模拟量输入 AI0 调节(AI0 默认为−10V～+10V 输入方式)。宏指令 12 的接线图如图 3-9 所示。

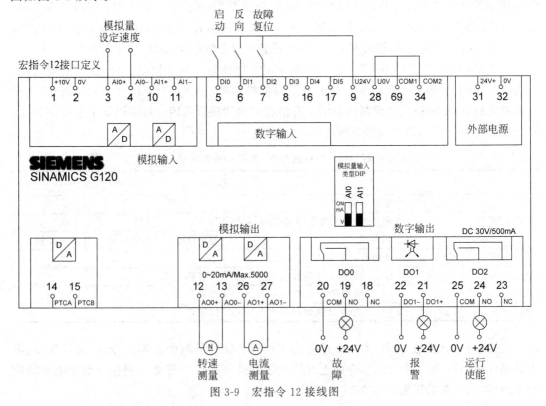

图 3-9　宏指令 12 接线图

设置 P15＝12 后，变频器自动设置的参数见表 3-18。与宏指令 12 相关需要手动设置的参数有 P756(默认值为 4，双极性电压输入，出厂设置为－10V～＋10V)，以及线性的定标曲线的两个点参数 P757、P758、P759、P760，用 P756 修改了模拟量输入的类型后，变频器会自动调整模拟量输入的定标。

表 3-18　设置宏指令 12 变频器自动设置的参数

参数号	参数值	说　　　明	参数组
P840	r722.0	数字量输入 DI0 作为启动命令	CDS0
P1113	r722.1	数字量输入 DI1 作为电机反向命令	CDS0
P2103	r722.2	数字量输入 DI2 作为故障复位命令	CDS0
P1070	r755.0	模拟量 AI0 作为主设定值	CDS0

根据应用要求，需要对参数进行调整，设置数字量输入 DI2 作为启动命令，数字量输入 DI3 作为电机反向命令。因此，参数设置过程如下。

P10 = 1(进入快速调试)
P15 = 12(设置宏指令 12)
P840 = r722.2(数字量输入 DI2 作为启动命令)
P1113 = r722.3(数字量输入 DI3 作为电机反向命令)
P2103 = r722.0(数字量输入 DI0 作为故障复位命令)
P10 = 0(准备就绪)

任务 3.3　I/O 方式监控行车变频系统的参数设置

在任务 2.2 中，采用 G120 变频器的 I/O 接口方式控制行车变频系统，设计了电气接线图，现在介绍该系统的参数设置方法。

1. 使能及正反转参数设置

如图 2-13 所示，旋钮开关 S_E 连接 DI0，控制变频器启动和停止。S_N 连接 DI1，控制变频器正反转，参数设置如下。

P0010 = 1(允许修改宏指令)
P0015 = 3(宏指令 3：单方向 4 个固定速度，参考表 3－1)
P0010 = 0(禁止修改宏指令)
P840 = r722.0(使能，DI0 从 0 到 1 跳变，变频器启动；DI0 = 0 停止)
P1113 = r722.1(反向控制，DI1 = 0 变频器正转，DI1 = 1 变频器反转)

2. 给定速度参数设置

参考表 3-11 设置多段速参数，并作为给定速度，其参数设置如下。

P1016 = 2(设置多段速控制方式为二进制选择模式)
P20046.0 = r722.2 (DI2 对应 S_1)
P20046.1 = r722.5 (DI5 对应 S_4)
P20046.2 = r722.11 (DI11 对应 S_5)
P20048 = 1 (进行或运算，结果赋 r20047)
P20050.0 = r722.3 (DI3 对应 S_2)

P20050.1 = r722.5 (DI5 对应 S_4)

P20052 = 1 (进行或运算,结果赋 r20051)

P20054.0 = r722.4 (DI4 对应 S_3)

P20054.1 = r722.11 (DI11 对应 S_5)

P20056 = 1 (进行或运算,结果赋 r20055)

P1020 = r20047(设置转速固定设定值选择位 0 信号源,r20047 由 S_1、S_4、S_5 相或产生)

P1021 = r20051(设置转速固定设定值选择位 1 信号源,r20051 由 S_2、S_4 相或产生)

P1022 = r20055(设置转速固定设定值选择位 2 信号源,r20055 由 S_3、S_5 相或产生)

P1001 = 200(设置转速固定设定值 1,即多段速 1 的设定值 200rpm)

P1002 = 500(设置转速固定设定值 2,即多段速 2 的设定值 500rpm)

P1003 = 800(设置转速固定设定值 3,即多段速 3 的设定值 800rpm)

P1004 = 1100(设置转速固定设定值 4,即多段速 4 的设定值 1100rpm)

P1005 = 1400(设置转速固定设定值 5,即多段速 5 的设定值 1400rpm)

P1070 = r1024(设置主设定值,r1024 为有效的转速固定设定值)

3. 状态反馈参数设置

变频器状态反馈及抱闸参数设置如下。

P1215 = 3 (抱闸,通过 BICO 连接数字量)

P1216 = 100 (抱闸打开时间,出厂设置为 100ms)

P1217 = 100 (抱闸闭合时间,出厂设置为 100ms)

P0730 = r52.1 (DO0,连接变频器运行指示灯 H_1)

P0731 = r899.12 (DO1,连接电机抱闸状态,图 2-14 所示为电机抱闸控制电路,DO1 连接中间继电器 KA 的线圈)

P0732 = r52.3 (DO2,连接故障指示灯 H_2)

4. 运行速度反馈参数设置

运行速度反馈参数设置如下。

P0771[0] = r0027 　(AO0,r0027 输出电流)

项 目 报 告

1. 实训项目名称

I/O 方式监控行车变频系统的参数设置及调试。

2. 实训目的

(1) 掌握 G120 变频器初始化及快速调试。

(2) 掌握 G120 变频器宏的设置及调试。

(3) 掌握 I/O 方式监控行车变频系统的参数设置及调试。

3. 任务与要求

(1) 熟悉 BOP-2 基本操作面板设置参数及操作模式选择,能对 G120 变频器进行初始化及快速调试。

(2) 掌握 G120 变频器宏的基本概念,能采用宏对变频器的使能、电机正反转及速度给定进行参数设置及调试。

（3）能对 I/O 方式监控的行车变频系统设置 G120 变频器参数并进行调试，主要设置及调试的参数包括以下几种。

① 宏。

② 使能及正反转。

③ 多段速作为给定速度。

④ 状态反馈及抱闸输出。

⑤ 运行速度反馈。

4. 实训设备

本实训项目用到的硬件：G120 变频器、电机等。

5. 操作调试

（1）BOP-2 基本操作面板设置参数及操作模式选择的操作。

（2）G120 变频器初始化及快速调试的操作。

（3）宏对变频器的使能、电机正反转及速度给定进行参数设置及调试。

（4）对 I/O 方式监控的行车变频系统设置 G120 变频器参数，内容详见任务与要求 3，并进行调试。

6. 实训结论

（1）总结 G120 变频器初始化及快速调试的操作步骤。

（2）总结行车变频系统多段速参数设置的方法（选择二进制模式），并画出速度选择的原理框图。

7. 项目拓展

（1）试述 G120 变频器对抱闸控制参数设置的方法。

（2）试结合自动化生产线具体项目，阐述宏及多段速的使用方法及其好处。

Starter调试G120变频器

目标要求

知识目标：

(1) 掌握Starter软件应用的基础知识。

(2) 理解Starter软件与G120变频器的通信原理。

(3) 掌握Starter软件中控制面板调试G120变频器的方法。

(4) 掌握Starter软件仿真调试G120变频器的方法。

(5) 掌握Starter软件调试行车变频系统的方法。

能力目标：

(1) 能够建立Starter软件与G120变频器的通信。

(2) 能够在Starter软件中进行G120变频器初始化及快速调试。

(3) 能够在Starter软件中对G120变频器进行参数设置、下载及控制面板调试变频器。

(4) 能够在Starter软件中采用仿真的方法调试变频器。

(5) 能够在Starter软件中对行车变频系统进行参数设置及调试。

素质目标：

(1) 培养采用Starter软件对G120变频器进行通信、参数设置及调试等能力。

(2) 培养项目实施中的资料收集、独立思考、项目计划、分析总结等能力。

(3) 树立安全意识，项目操作过程中时刻注意用电安全，严格遵守安全操作规程。

(4) 爱护变频器、PC、电机等仪器设备，自觉做好维护和保养工作。

(5) 培养团队成员交流合作、相互配合、互相帮助的良好工作习惯。

任务 4.1　Starter 软件概述

Starter 软件是西门子公司发布的一款驱动调试软件,安装在 PC 机上,专门用于对SINAMICS、MICROMASTER 4 系列驱动产品的参数进行设置和调试。可以使用调试工具 Starter 执行调试、测试(通过控制面板)、驱动优化、诊断、设置并激活安全功能等操作。本任务将介绍 Starter 软件的下载与安装,Starter 软件的用户界面及操作说明,方便后续调试。

4.1.1　Starter 软件简介

Starter 软件用于西门子部分传动装置的现场调试,是调试、诊断和控制变频器以及备份和传送变频器设置的 PC 工具。Starter 软件能够实现在线监控、修改装置参数、故障检测和复位,以及跟踪记录等强大的调试功能,可通过 USB 或现场总线 PROFIBUS/PROFINET将 PC 机和变频器连接在一起。

微课：Starter
软件概述及与
G120 变频器
通信网络架构

西门子的 Starter 软件可以在 Windows XP、Windows 7、Windows 10 等多种版本下安装。西门子官方网站提供 Starter 软件下载,下载地址为 http://support.automation.siemens.com/CN/view/en/26233208。

Starter 软件安装之前需要注意以下几点:

(1) 将西门子官方网站下载的 Starter 软件所有的安装包解压到同一个文件夹下;

(2) 安装前最好能重启计算机;

(3) 安装时,建议关闭其他程序;

(4) 安装路径中不能有中文字符。

Starter 安装过程中可能会出现以下错误,若之前安装了其他有冲突的软件,如Microwin 软件,需要先卸载该软件,安装好 Starter 后再重新安装 Microwin;系统安装的杀毒软件可能会禁用 Starter 的自动启动进程,建议关掉一些自动启动的工具软件,再进行安装;若操作系统中某些进程跟 Starter 冲突,操作系统中重要文件或者进程丢失也会导致安装出现错误;如果发生兼容性问题可以右击 Starter 图标,选择"属性"中"兼容性",选中"以兼容模式运行这个程序"即可。Starter 软件的系统硬件配置和软件兼容等要求请参考安装目录下的 Readme 文件。

4.1.2　Starter 软件操作界面及主要功能

1. 操作界面说明

(1) 单击用户界面上的 Starter 图标或在 Windows 开始菜单中选择"开始"→Starter→Starter 启动 Starter。

(2) 打开软件后,创建新项目。创建新项目初始界面主要包括项目树、程序菜单、特殊功能工具栏、连接模式和工作区,如图 4-1 所示。

(3) 添加设备后,可进入操作界面。在执行不同的配置操作时需要使用到界面的不同区域。Starter 软件操作界面主要分为三个区域:项目导航区域、工作区域以及详细信息显示区域,如图 4-2 所示。其中,在项目导航区域可显示插入到项目中的各种单元和对象,以及各项功能界面;在工作区域可执行各项任务,例如配置驱动对象的向导、切换到专家列表

图 4-1　Starter 软件初始界面

显示所有参数,在其中查看或修改参数等；信息显示区域包含了详细的信息,如故障和警告。

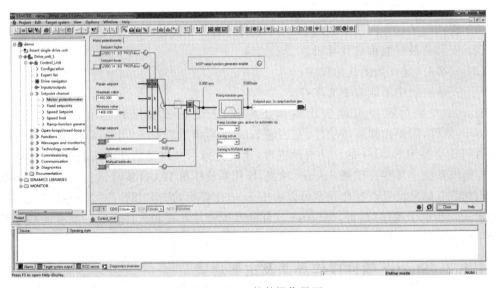

图 4-2　Starter 软件操作界面

（4）展开变频器控制单元下方的列表,在 Control Unit 下拉列表中选择 Configuration,进入 Configuration 组态界面。变频器在线后,在此界面中可查看设备模块的各项信息,包括 Configuration、Drive data sets、Command data sets、Units、Reference variables-setting 以及 I/O configuration 选项卡,也可以使用 Wizard 启动调试向导进行快速调试设置。Configuration 界面如图 4-3 所示。

（5）在 Configuration 组态界面下方,选择 Expert list,可进入专家列表界面。变频器在线后,在此界面中可查看并修改变频器内部的各项参数。Expert list 界面如图 4-4 所示。

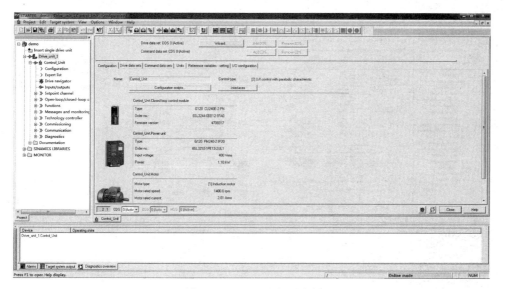

图 4-3　Configuration 界面

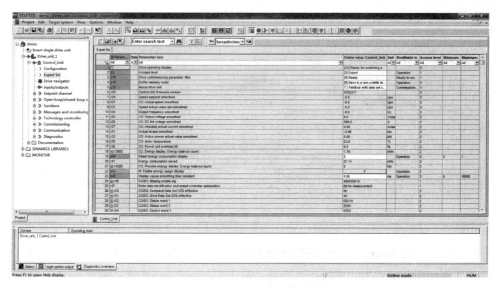

图 4-4　Expert list 界面

（6）展开变频器控制单元下方的列表，在 Control Unit 下拉列表中选择 Inputs/Outputs，进入输入/输出界面。变频器在线后，在此界面中，包括 Digital inputs、Relay outputs、Analog inputs、Analog outputs 以及 Measuring Input 选项卡，可分别查看并设置变频器数字量输入/输出、模拟量输入/输出端子对应的功能。Inputs/Outputs 界面如图 4-5 所示。

（7）在输入/输出界面中。端子有两种模式可以选择，一种是实际的输入/输出端子 Terminal eval，另一种是 Simulation 仿真模式，如图 4-6 所示。切换为仿真模式后，可对变频器输入/输出端子的功能进行各种仿真调试。

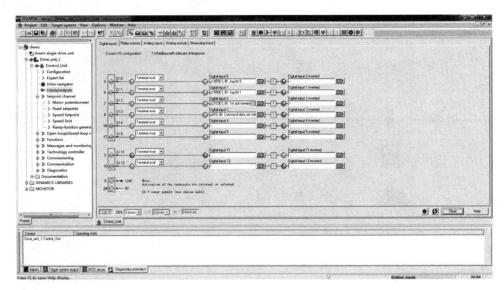

图 4-5　Inputs/Outputs 界面

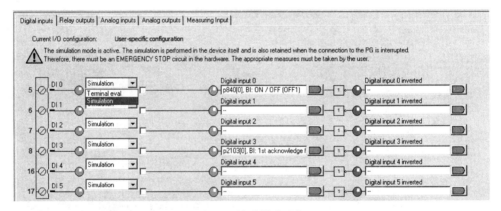

图 4-6　端子模式选择

（8）在 Control Unit 下拉列表中，选择 Commissioning，其中包括 Control panel、Device trace 以及 Identification/optimization 功能。双击 Control panel 进入调试界面的控制面板功能，初始界面如图 4-7 所示。

（9）单击 Assume Control Priority 获取控制权后进入控制界面，选中 Enables 使能，此时可进行电机速度设置、启停控制等调试，调试界面如图 4-8 所示。调试完成后单击 Give up control priority 取消控制权。

2. 其他基本功能

在以上的主要功能界面中，Starter 软件分别为用户提供了操作向导、配置驱动器并为驱动器设置参数、输入/输出端子设置、虚拟控制面板（用于运转电机）。除此之外，Starter 软件为支持项目的操作还提供了丰富的调试功能，包括恢复出厂设置、执行跟踪功能（用于驱动控制器的优化）、创建和复制数据组、将项目从编程器中装载到目标设备中、将易失数据从 RAM 中复制到 ROM、将项目从目标设备中装载到编程器中、设置并激活安全功能、激活

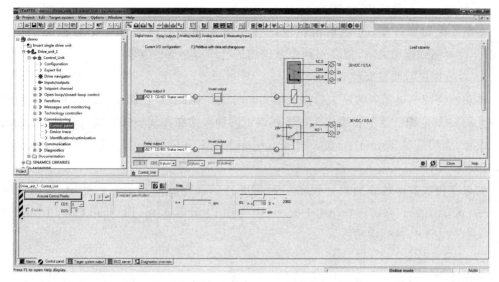

图 4-7　Control panel 初始界面

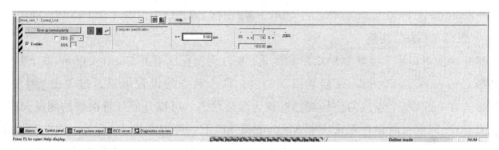

图 4-8　调试界面

写保护、激活专有技术保护等,在实际应用中可全方位对变频系统进行调试。其操作流程如下。

1) 恢复出厂设置

恢复出厂设置功能可将控制单元工作存储器中的全部参数恢复到出厂设置。为使存储卡上的数据也恢复为出厂设置,必须执行一次 Copy from RAM to ROM 操作。本功能只可在在线模式下才能激活。激活本功能需要调用右键菜单中的 Drive unit→Target device→Restore factory settings,在出现的询问窗口中提示是否将出厂设置另存在 ROM 中,单击 OK 按扭确认。

2) 将项目装载到目标设备中

本功能可将当前的编程器项目载入到控制单元中。首先系统会检查项目的一致性,发现有不一致的地方,便发出相应的报告。需要在加载之前去除不一致的地方。数据一致后,系统便将数据传送至控制单元的工作存储器中。

可按照以下三种方式在在线模式下执行本功能:①勾选驱动设备,调用菜单 Project→Load to target system;②勾选驱动设备,调用菜单 Target system→Load→Load CPU/ Drive unit to target device…;③单击 图标,即 Load CPU/ Drive unit to target device…。

3）创建和复制数据组（离线）

在驱动配置窗口中,可以单击相应的按钮添加驱动数据组和指令数据组（DDS 和 CDS）。在复制数据组之前,需要对两个数据组进行所有必要的互联。

4）对数据进行非易失性存储

本功能将控制单元中的易失数据备份到非易失存储器中（存储卡）,这样数据在断开控制单元的 24V 电源后就不会丢失。可按照以下两种方式在在线模式下执行本功能：①勾选驱动设备,调用菜单 Target system→Copy from RAM to ROM；②单击图标 Copy from RAM to ROM。

如果在每次数据装载到目标设备后都需要自动保存到非易失存储器中,可调用菜单 Options→Settings...来实现。单击 Download 选项卡,激活 After the load Copy from RAM to ROM,单击 OK 按钮完成。

5）将项目载入 PG/PC

本功能可将控制单元中的当前项目载入到 Starter 中。本功能只可在在线模式下激活。可按照以下两种方式在在线模式下执行本功能：①勾选驱动设备,调用菜单 Target system→Load→Load CPU/Drive unit to PG...；②单击图标 Load CPU/Drive unit to PG/PC...。

6）跟踪（Trace）功能

跟踪功能可以用于变频器的诊断和优化。在左侧浏览区展开 Control Unit,在下拉列表中选择 Commissioning→Trace 启动跟踪功能。两个独立的设置可以通过单击 使每 8 个信号连在一起,每个连接的信号都是默认为激活状态。可以开展任意次数的测量,测量结果及其日期、时间临时保存在选项卡 Measurements 下。可以在退出 Starter 软件时保存测量结果,或者在选项卡 Measurements 下以 *.trc 保存结果。如果要对两种以上的设置进行测量,需要将每个设置的测量结果单独保存在项目中,或者以 *.clg 格式导出,以便在必要时再次读入。

信号记录按照控制单元决定的基本时钟进行。最长的记录持续时间取决于被记录信号的数量以及跟踪时钟。可以将跟踪时钟放大整数倍,单击 确认以延长记录持续时间。也可以选择指定记录时间,单击 由 Starter 软件计算跟踪时钟。

如果需要记录参数的单个位（位参数）,通过"位信号" 可以指定参数的某个位进行记录（如 r0722）。单击 可使用数学函数,通过数学函数可以自定义曲线,例如计算转速设定值与转速实际值之间的差值。

启动记录的触发事件可进行指定。默认触发方式为单击 启动记录,单击 可以指定其他触发事件来启动记录。通过 Pretrigger（预触发事件）可以设置在触发事件发生前启动记录的时间,以便一同记录触发事件。以位模式用作触发事件为例,必须确定位参数的模式和数值,可执行以下操作：单击 选择 Trigger on variable-Bit pattern,单击 选择位参数,单击 bin... 设置作为触发事件的位及其数值。此外,还可以将警告或故障信息设置为触发事件。

测量结果的显示方式有 Repeated measurements（重复测量）、Arrange curves in tracks

（排列信号曲线）和 Measuring cursor On（测量光标功能启用）三种。其中，重复测量为叠加显示不同时间进行的测量，排列信号曲线中所有测量结果以同一条零线显示，或一个测量结果以一条零线显示，启用测量光标功能可显示测量间隔的细节。

7）设置并修改安全功能

调试工具 Starter 中提供有向导和各种窗口用于设置、激活和操作 Safety Integrated 功能。可以从项目树中在线和离线调用 Safety Integrated 功能，方法是在项目树中打开 Drive unit xy→Drive→Drive xy→Function→Safety Integrated。

8）激活写保护

写保护功能可避免设置受到非自愿的修改。写保护不需要口令。本功能只可在在线模式下激活。激活写保护需要在 Starter 项目的导航窗口中选择所需的驱动设备，调用右键菜单中的 Drive unit write protection→Activate。此时专家参数表中所有设置参数的输入栏都会以灰色阴影显示，表示写保护功能生效。为了持续传输设置，必须在修改写保护功能后执行 RAM to ROM 进行保存。

任务 4.2　Starter 建立与 G120 变频器的通信

本任务通过示例介绍 Starter 软件与 G120 变频器的通信，包括网络与通信接口设置、用 Starter 软件连接 G120 变频器并调试。

4.2.1　网络与接口设置

建立 Starter 软件与 G120 变频器的通信，系统设备的网络连接如图 4-9 所示。G120 变频器控制单元为 CU240E-2 PN，带有 RJ45 接口，支持 PN 通信协议，PC 机安装有 Starter 软件。

微课：Starter 软件与 G120 变频器通信

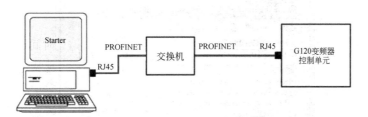

图 4-9　通过 PROFINET 进行网络连接

1. 设置计算机 IP 地址

通过菜单"开始→控制面板"调用控制面板；使用控制面板"网络和 Internet"下的"网络和共享中心"功能；在所显示的网卡下单击连接的链接；在连接的状态对话框中单击"属性"并在接着出现的安全性询问中选择"是"；在连接的属性对话框中勾选"Internet 协议版本 4（TCP/IPv4）"，然后单击"属性"；勾选属性对话框中的选项"使用下面的 IP 地址"；修改计算机 IP 地址与驱动设备在同一网段内，本任务中 IP 地址设置为 192.168.0.100，子网掩码设置为 255.255.255.0；单击 OK 按钮，关闭 Windows 网络连接窗口，如图 4-10所示。

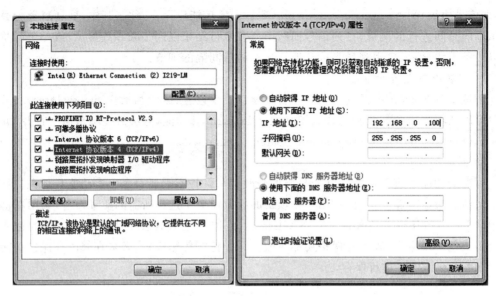

图 4-10　修改计算机 IP 地址

2. 设置 PG/PC 接口

1) 在控制面板设置 PG/PC 接口

通过菜单"开始→控制面板"调用控制面板。使用控制面板"设置 PG/PC 接口"功能。在应用程序访问点中,选择采用访问点 S7ONLINE(STEP 7),在"为使用的接口分配参数"中,选择 Inter(R)Ethernet Connection(2)I219-LM. TCPIP. 1,如图 4-11 所示。

图 4-11　设置 PG/PC 接口

设置 PG/PC 接口后进行诊断,单击右侧的"诊断"按钮,进入诊断窗口,单击"测试"按钮,可测试使用 Inter(R)Ethernet Connection(2)I219-LM. TCPIP. 1 设置的访问点 S7ONLINE 状态,诊断完成如图 4-12 所示。

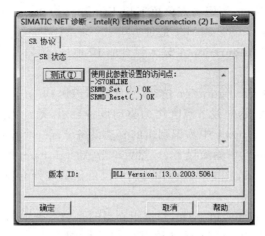

图 4-12　诊断并测试接口参数

2）在 Starter 软件设置 PG/PC 接口

在 Starter 软件中创建新项目，选择"菜单"→Options→Set PG/PC interface，在 Access point of the application 中进行应用接口的选择（本任务采用访问点 S7ONLINE(STEP7)），并在 Interface parameter assignment used 下方为使用的接口分配参数（本任务中接口参数选择 Inter(R)Ethernet Connection(2)I219-LM. TCPIP. 1），接口参数分配完成后单击 OK 按钮，完成 PG/PC 接口的设置。

当选项中没有需要的接口时可自行创建。单击按钮 Select，在左边的选择列表中选择需要用作接口的模块，单击 Install 按钮，所选的模块便在 Installed 列表中列出，单击 Close 按钮。

PG/PC 接口设置完成后，可以查看集成的以太网接口的 IP 地址。选择驱动设备，右击菜单 Target device→Online access...，单击选项卡 Module address，Connection to target station 下显示了设置的 IP 地址。

3. 驱动设备分配 IP 地址和名称

通过 Starter 软件可以为驱动设备的 PROFINET 接口分配一个 IP 地址和一个名称。步骤如下。

（1）通过工业以太网连接计算机与 G120 变频器，启动 Starter 软件。

（2）单击 Project→Accessible node 或单击 🖳 图标 Accessible node，查找 PROFINET 中的可用节点。在 Accessible nodes 下，控制单元作为总线节点显示在对话框中，IP 地址为 192. 168. 0. 2，如图 4-13 所示。

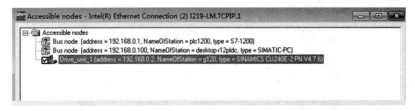

图 4-13　查找可用节点

（3）单击总线节点条目，调用右键菜单 Edit Ethernet node…。从自动弹出的选择窗口 Edit Ethernet node 中也可以看到 Mac 地址。

（4）在 Assign IP configuration 下输入设置的 IP 地址（例如，192.168.0.2）和子网掩码（例如，255.255.255.0）。

（5）单击 Assign IP configuration 按钮，确认数据传送。

（6）单击 Update 按钮，总线节点会作为驱动设备显示，地址和类型也会给出。也可以在选择窗口 Edit Ethernet node 中为识别出的驱动设备分配一个设备名。

（7）在 Device name 栏中输入设备名，然后单击 Assign name 按钮，确认数据传送。

（8）单击 Update 按钮，总线节点会作为驱动设备显示并分配到一个流水号，地址、设备名和类型也会给出。

（9）关闭窗口 Edit Ethernet node，勾选识别出的驱动设备前的复选框，单击 Accept 按钮，驱动将显示到项目树中，可进行驱动对象的后续配置。单击按钮 Connect to target device，调用菜单 Target system→Download→to target device 将项目载入到控制单元的存储卡上。控制单元的 IP 地址和设备名称将保存在存储卡上。

4.2.2　通信与调试

1. 离线创建项目

1）创建项目

在离线创建项目时需要提供 PROFINET 地址、设备类型以及设备版本号。调用菜单 Project→New…，显示有以下标准设置。

- User projects（用户项目）：显示目标目录中已存在的项目。
- Name（名称）：Project_1（可自由选择）。
- Type（类型）：项目。
- Storage location（保存路径）：默认设置（可自由设置）。

根据需要修改 Name 和 Storage location 并单击 OK 按钮确认。项目是离线创建的，在配置结束时载入到目标系统中，如图 4-14 所示。

图 4-14　创建新项目

2）通过组态连接变频器

双击项目树中的 Insert single drive unit,组态变频器控制单元,选择控制单元型号、订货号、版本和 IP 地址。本任务中控制单元型号为 CU240E-2 PN,订货号为 6SL3244-0BB12-1FA0,版本为 4.7.6,IP 地址为 192.168.0.2,如图 4-15 所示。设置完成后单击 OK 按钮。

操作:Starter
软件组态连接
变频器方法

图 4-15　添加控制单元

控制单元添加完成后,在软件左侧项目树中可以看到添加的控制单元 G120_CU240E_2_PN,展开控制单元,双击 Configure drive unit,组态功率单元,如图 4-16 所示。

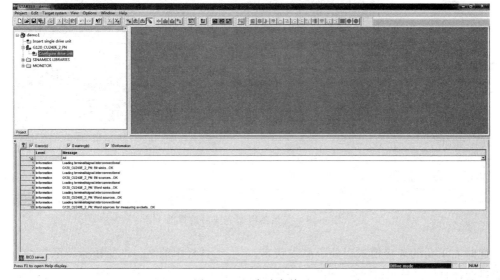

图 4-16　组态功率单元

在组态变频器功率单元对话框,选择功率单元型号、订货号、电压及功率。本任务中功率单元型号为 PM240-2,订货号为 6SL3210-1PE13-2ULx,电压为 380V～480V,功率为 1.1kW,如图 4-17 所示。单击 Next 按钮,弹出 Summary 窗口,显示组态的设备信息,单击 Finish 按钮完成。

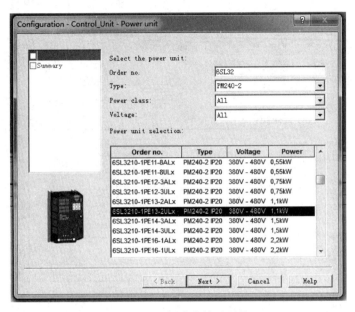

图 4-17　选择功率单元型号

变频器组态完成后,Starter 软件界面如图 4-18 所示。

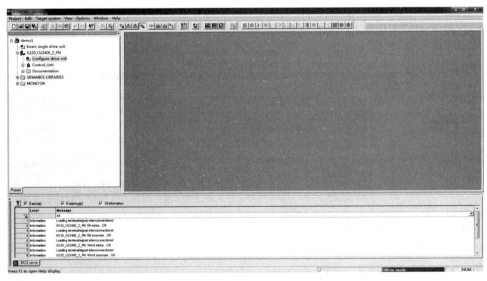

图 4-18　变频器组态完成后的界面

此时右下角的连接模式仍处于离线状态,单击工具栏中的 ,将变频器转至在线,在弹出窗口选择目标设备和访问点,如图 4-19 所示。勾选 G120_CU240E_2_PN,在 Access point 选中访问点 S7ONLINE,单击 OK 按钮,变频器连接完成,如图 4-20 所示。

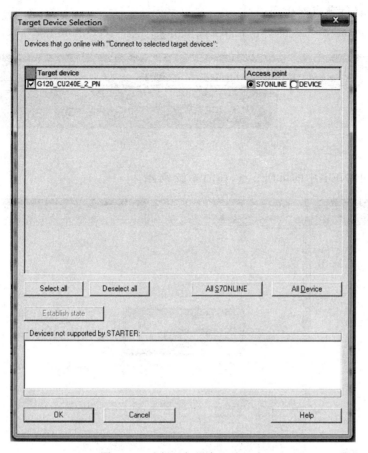

图 4-19　选择目标设备和访问点

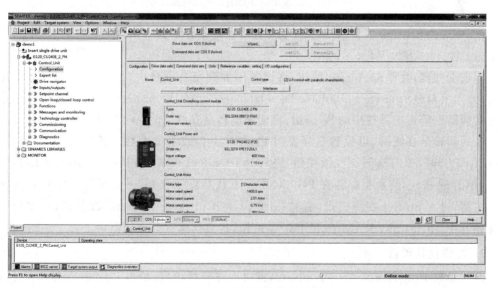

图 4-20　变频器转至在线

操作：Starter
软件可访问
节点连接变
频器方法

3）通过可访问节点连接变频器

调用菜单 Project→Accessible nodes 或单击  图标 Accessible nodes，如图 4-21 所示。

图 4-21　单击可访问节点 Accessible nodes

查找 PROFINET 中的可用节点，如图 4-22 所示。

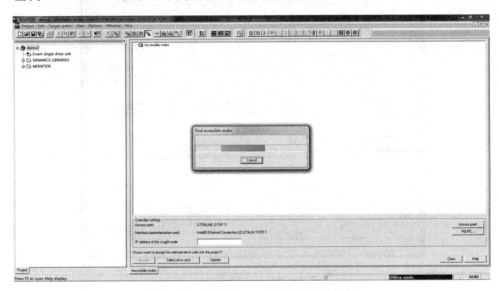

图 4-22　查找 PROFINET 中的可用节点

在 Accessible nodes 下，控制单元作为总线节点显示在对话框中，IP 地址为 192.168.0.2，类型为 CU240E-2PN V4.7.6，如图 4-23 所示。

勾选变频器，并单击 Accept 按钮，将设备添加到现有项目中，如图 4-24 所示。添加完成后，弹出窗口显示 Drive units have been transferred to the project，单击 Close 按钮，成功添加变频器。单击工具栏中的 按钮，将变频器转至在线，如图 4-25 所示。

变频器转至在线后，可设置变频器向 PG/PC 上传或下载参数。其中，上传参数(变频器→PG/PC)时，单击 转至在线按钮，进入 Starter 在线模式，单击 Load project to PG 按钮，单击 按钮，将数据保存在 PG/PC 中。下载参数(PG/PC→变频器)时，单击 转至在线按钮，进入 Starter 在线模式，单击 Load project to target system 按钮，将项目下载到变频器中，单击 Copy RAM to ROM 按钮，将数据保存到变频器中。

2. 在线创建项目

调用菜单 Project→New with wizard，通过向导新建项目，单击 Find drive units online，在线查找驱动单元，如图 4-26 所示。

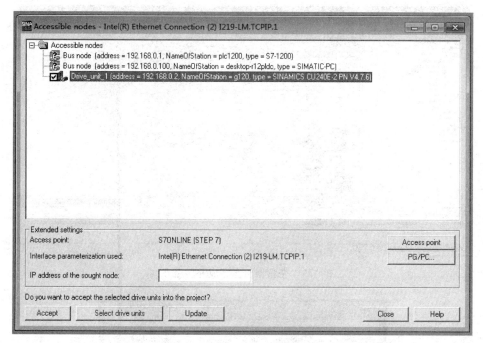

图 4-23　可访问节点搜索结果

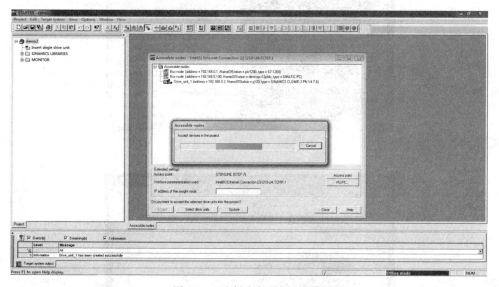

图 4-24　选择变频器添入项目

在向导第一步创建新项目 Create new project 中,要求输入的项目数据如下。

- Project name:项目名称,可自由设置。
- Author:作者,可自由设置。
- Storage loc.:储存位置,可自由设置。
- Comment:说明,可自由设置。

根据需要修改相应的项目数据,如图 4-27 所示,单击 Next 按钮进入下一步。

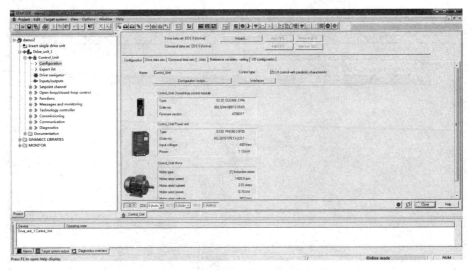

图 4-25　变频器组态完成并转至在线

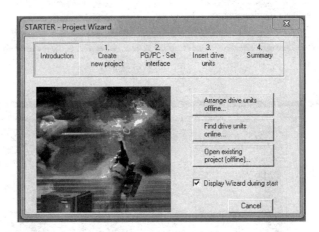

图 4-26　新建项目向导

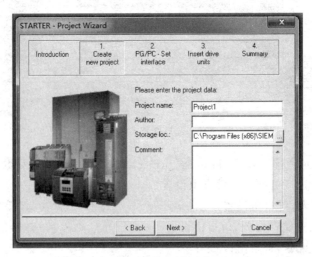

图 4-27　向导第一步创建项目

在向导第二步 PG/PC-Set interface 中，进行 PG/PC 接口设置，如图 4-28 所示。

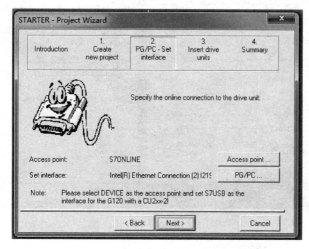

图 4-28　向导第二步设置 PG/PC 接口

单击 Access point 选择访问点，这里选择 S7ONLINE，选择访问点后单击 OK 按钮确认，如图 4-29 所示。

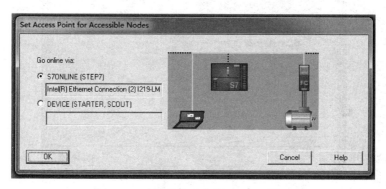

图 4-29　向导第二步设置 PG/PC 接口

回到向导第二步，单击 PG/PC，进入设置 PG/PC 接口窗口，选择 Access point of the application 和接口设置参数。本任务中选择采用访问点 S7ONLINE(STEP7)，在"为使用的接口分配参数"中，选择 Inter(R)Ethernet Connection(2)I219-LM. TCPIP. 1，如图 4-30 所示。设置完成后可进行诊断测试。

在向导第三步 Insert drive units 中，添加驱动设备。搜索到的节点将显示出来，单击 Refresh view 按钮可更新预览，如图 4-31 所示。选择完成后，单击 Next 按钮。

在向导第四步 Summary 中，项目向导会显示当前设置。单击 Complete 按钮，创建项目完成，如图 4-32 所示。项目创建完成后，需要对驱动单元进行调试。

3. 控制面板调试

变频器处于在线状态，可使用 Starter 软件的控制面板调试功能，调试电机运行。在 Control Unit 下拉列表中，选择 Commissioning，双击 Control panel 进入调试界面的控制面板功能，初始界面如图 4-33 所示。

操作：Starter 软件控制面板 控制电机运转

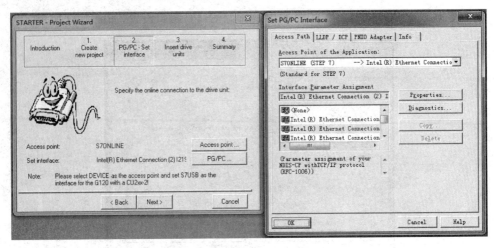

图 4-30　设置 PG/PC 接口

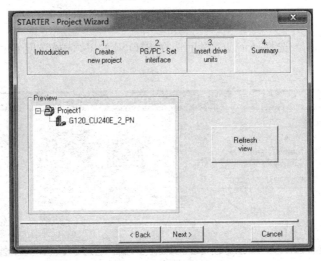

图 4-31　添加驱动设备

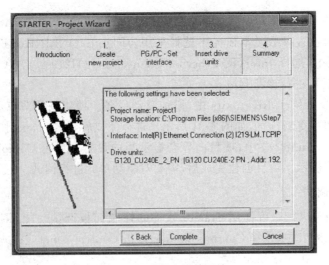

图 4-32　项目向导第四步

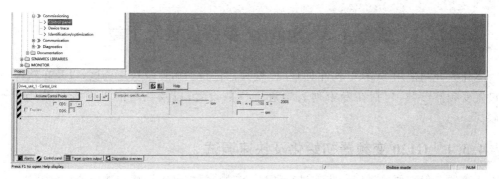

图 4-33　Control panel 初始界面

单击 Assume Control Priority 获取控制权后进入控制界面，如图 4-34 所示。

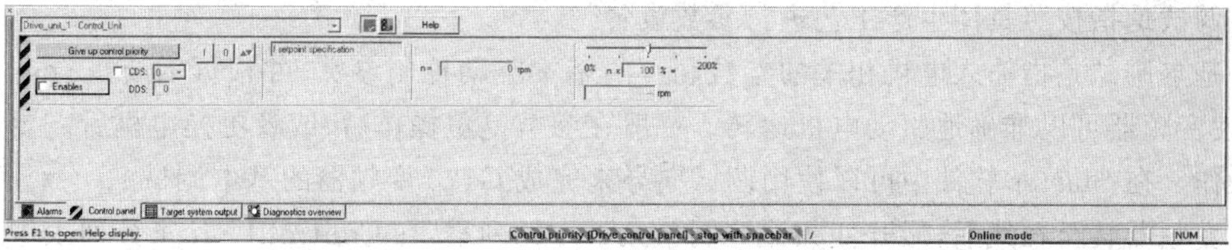

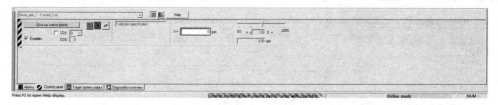

图 4-34　获取控制权

选中 Enables 使能，此时激活控制面板，可进行电机速度设置、启停控制等调试，调试界面如图 4-35 所示。

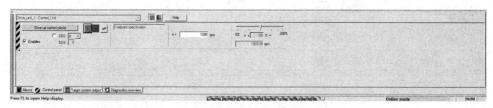

图 4-35　调试界面

在 n 处可进行电机运行速度设置，例如设置为 1000rpm，如图 4-36 所示。

图 4-36　电机运行速度设置

按绿色启动键，电机按设定速度运行，控制面板的右侧实时显示电机转速，按红色停止键，电机停止。

调试完成后单击 Give up control priority 取消控制权。为实现电机转速的精确控制，可先使用 Starter 软件的调试向导，进行变频器的初始化及快速调试。

任务 4.3　Starter 参数设置及下载

本任务介绍使用 Starter 软件对 G120 变频器进行初始化及快速调试,以及在软件中在线设置变频器参数,包括在专家列表中进行参数设置,以及在功能界面进行 BICO 参数互联。

4.3.1　G120 变频器初始化及快速调试

操作:Starter
软件恢复变频
器出厂设置

变频器一般需要经过三个步骤进行调试:参数复位、基本调试和功能调试。其中,参数复位是指将变频器参数恢复到出厂设置,通常在变频器参数出现混乱的情况下执行此操作。在 Starter 软件中,单击 Restore factory settings ✣ 按钮,可将变频器参数恢复为出厂设置。功能调试是指按照具体生产工艺进行参数设置。

基本调试是指输入电机相关的参数和一些基本驱动控制参数,并根据需要进行电机识别,使变频器可以准确地驱动电机运转。一般在参数复位操作后,或者更换电机后需要进行此操作。在 Starter 软件中可以使用调试向导来完成 G120 变频器的基本调试。

变频器转至在线后,展开变频器控制单元下方的列表,在 Control Unit 下拉列表中选择 Configuration,进入 Configuration 组态界面。单击 Wizard 按钮,启动调试向导进行快速调试参数设置,如图 4-37 所示。在 Starter 软件中使用调试向导,根据提示分别设置控制结构、模式设定值来源和命令源、变频器功能、电机数据、检测电机数据以及其他重要参数,可进行变频器的快速调试。

微课:Starter
软件初始化
G120 变频器

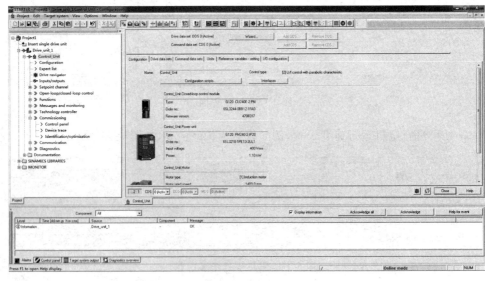

图 4-37　启动调试向导

操作:Starter
软件进行变
频器初始化

在 Wizard 中按顺序设置参数,这里设置 P96(Application class 应用类型)为 1,即采用标准驱动控制方式(Standard Drive Control),如图 4-38 所示。

进入 I/O Configuration,对 P15 宏功能进行修改,这里系统默认的宏功能为 7,即采用现场总线控制,可按照应用需求进行修改,继续保持默认值则设置为 No change,如图 4-39 所示。

图 4-38　设置 P96 为 1

图 4-39　设置 P15 为 7

　　进入 Drive setting 设置 P210(设备输入电压)。本任务中变频器输入电压为 380V,如图 4-40 所示。

图 4-40　设置 P210 为 380V

　　进入 Motor 设置 P300(选择电机类型)。本任务选用异步电机,因此设置 P300 为 1,如图 4-41 所示。

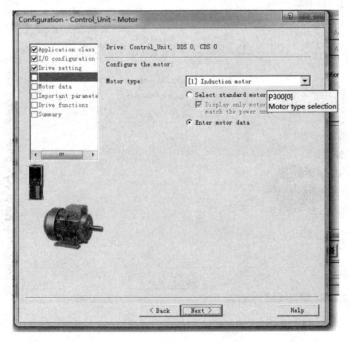

图 4-41　设置 P300 为 1

进入 Motor data 可设置一系列电机参数,包括 P305(电机额定电流)、P307(电机额定功率)、P311(电机额定转速)、P304(电机额定电压)、P310(电机额定频率)、P335(电机冷却方式)以及接线方式。

本任务中电机采用星型接法,故选择 Star,电机额定电流为 2.01A,额定功率为 0.75kW,额定转速为 1400rpm,额定电压为 380V,额定频率为 50Hz,电机采用自冷却方式,因此设定 P305=2.01,P307=0.75,P311=1400,P304=380,P310=50,P335=0,如图 4-42 所示。

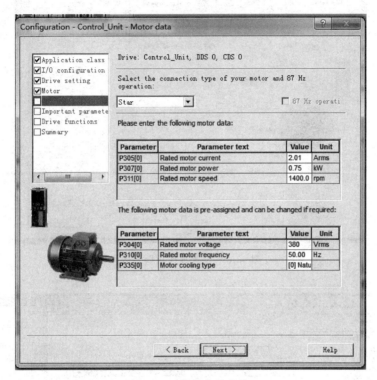

图 4-42 设置电机参数

进入 Important parameters 设置其他重要参数,包括限制电流、最小转速(P1080)、最大转速(P1082)、斜坡上升时间(P1120)、斜坡下降时间(P1121)、OFF3 斜坡下降时间(P1135)。本任务中设定限制电流为 3.01A,最小转速为 0rpm、最大转速为 1400rpm、斜坡上升时间为 10s、斜坡下降时间为 10s、OFF3 斜坡下降时间为 0s,如图 4-43 所示。

进入 Drive functions 设置电机数据检测和转速检测,对应参数 P1900,执行该功能可对输入数据进行验证和优化。即测定所连接的电机,对比变频器之前计算的数据与实际电机数据,并进行调整。当 P1900 为 0 时,不采用静态和动态的优化,本任务中设置 P1900 为 1,进行电机数据检测和转速控制优化,如图 4-44 所示。

单击 Next 按钮,进入 Summary,Summary 中包括有关输入的所有参数值汇总。单击 Copy text to clipboard 按键即可将汇总添加到文本文件。最后选择 Copy RAM to ROM,将参数设置保存到变频器 ROM 存储器内,然后单击 Finish 按钮关闭窗口,这样便通过配置向导完成了参数的设置,如图 4-45 所示。

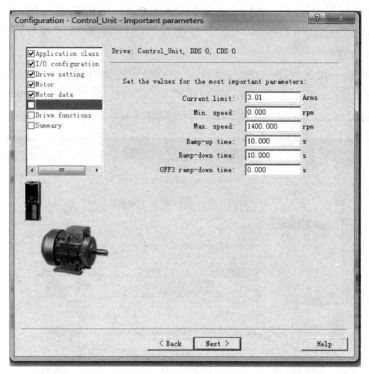

图 4-43 设置其他重要参数

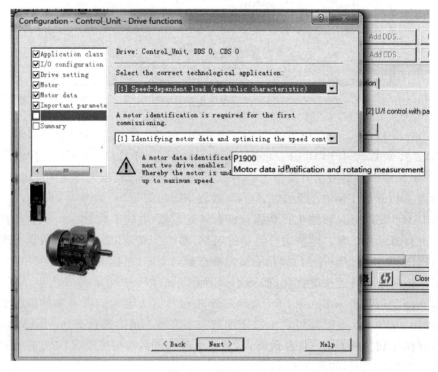

图 4-44 设置 P1900

图 4-45　设置 P1900

如果在快速调试时选择了 P1900 不等于 0,快速调试结束后,必须接通电机检测电机数据。电机必须是尚未运转的"冷电机",才能开展电机数据检测。如果电机是正在运转的"热电机",该功能提供的检测结果无效。在 Starter 中打开调试菜单 Commissioning,双击 Control panel,单击 Assume control priority,获取对变频器的控制权。勾选 Enables,单击绿色按键接通电机。变频器开始检测电机数据,检测后变频器会关闭电机。在电机检测结束后单击 Give up control priority 重新交还控制权。如果除静态电机数据检测外还选择了包含转速控制自动优化的旋转电机检测,则需要再次给变频器通电,执行优化操作。

4.3.2　G120 变频器参数设置

1. 直接设置

微课:参数
设置及调试

进入在线模式后,展开变频器控制单元下方的列表,在 Control Unit 下拉列表中,选择 Expert list,可进入专家列表界面。

部分参数可以直接在 Expert list 界面设置数值。例如,将 P10 设置为 1,进入快速调试状态,修改宏功能 P15 为 2,设置固定转速 1(P1001)为 600rpm,设置固定转速 2(P1002)为 800rpm,再将 P10 设置为 0,具体步骤如下。

在专家列表中,找到参数 P10,单击对应参数右侧的 Online value Control_Uint,在下拉列表中选择[1] Quick commissioning,则变频器进入快速调试状态,可修改其他参数,如图 4-46 所示。

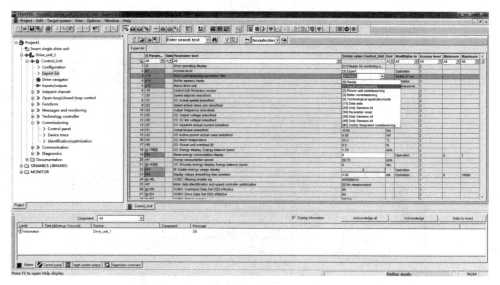

图 4-46　修改 P10 为 1

找到参数 P15，同样单击对应参数右侧的 Online value Control_Unit，在下拉列表中选择 2.)Conveyer technology with Basic Safety，选用宏功能 2，如图 4-47 所示。

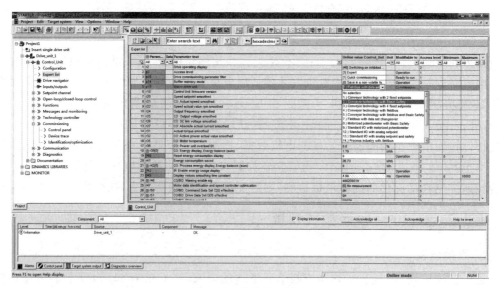

图 4-47　修改 P15 为 2

找到参数 P1001，在参数值设定框中输入参数值 600，对应单位（Unit）为 rpm。用同样的方法，将 P1002 修改为 800rpm，如图 4-48 所示。

回到参数 P10，将参数值修改为 0，变频器准备就绪。

2. 在 Starter 中进行 BICO 互联

1）通过专家列表设置

BICO 参数可通过专家列表或图形界面进行设置。通过专家列表进行 BICO 互联时，找到对应参数，单击对应参数右侧的 Online value Control_Uint，出现可与之互联的参数窗

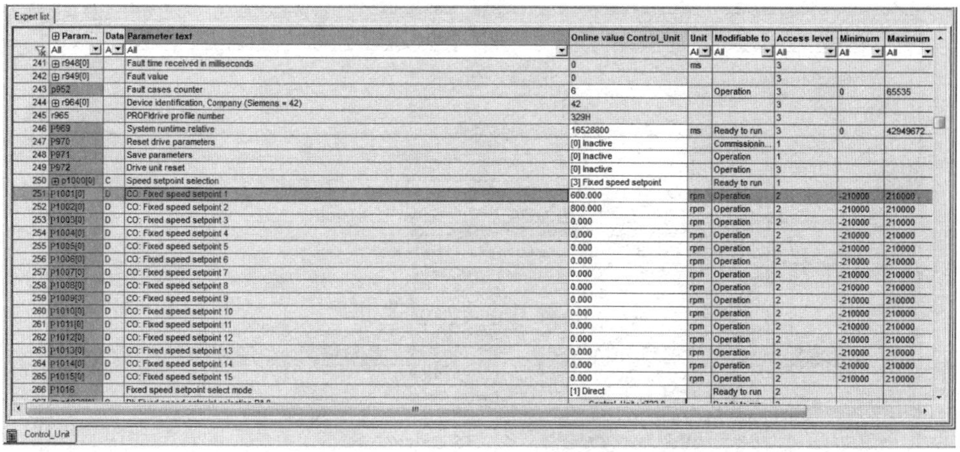

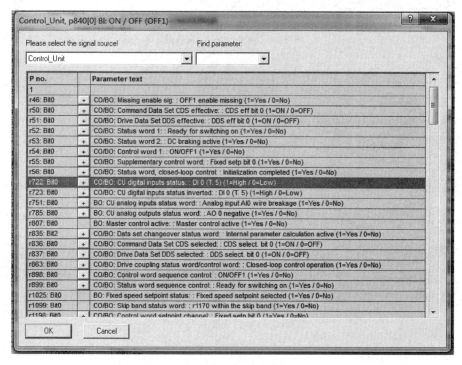

图 4-48　修改固定转速数值

口,单击要连接的参数前的加号图标,单击 OK 按钮确定。

例如,将参数 P840 与参数 r722.0 互联。进入专家列表,找到 P840,单击右侧对应的 Online value Control_Uint,弹出窗口显示可互联的参数,如图 4-49 所示。

图 4-49　可互联的参数

在可互联的参数中找到 r722:Bit0,单击该参数前的＋按钮,或双击 r722:Bit0,再单击 OK 按钮即可完成参数的设置,如图 4-50 所示。

返回专家列表,参数 P840 已修改为 r722.0,完成参数互联,如图 4-51 所示。

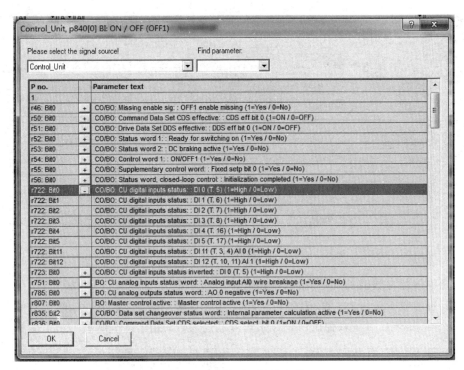

图 4-50　选择可互联的参数

图 4-51　完成参数互联

2) 通过图形界面设置

　　为便于参数设置及调试,Starter 软件中包含多种功能的图形界面,通过这些图形界面也可以进行 BICO 参数的互联。

　　例如,将参数 P1020、P1021 与参数 r722.2、r722.3 互联。进入在线模式后,展开变频器控制单元下方的列表,在 Control Unit 下拉列表中,进入 Drive navigator,如图 4-52 所示。

　　单击 Fixed setpoints 进入 Fixed setpoints 界面,如图 4-53 所示。

演示:端子
功能的选
择和设定

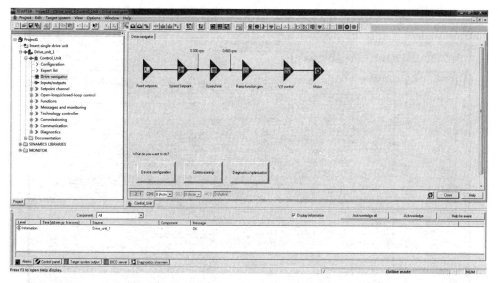

图 4-52　Drive navigator 界面

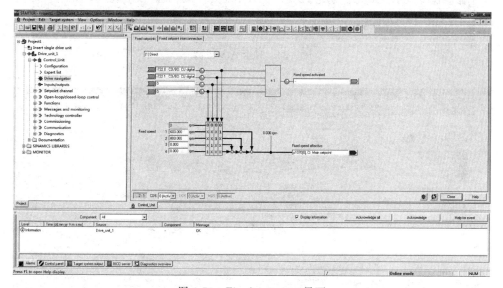

图 4-53　Fixed setpoints 界面

　　分别单击参数 P1020、P1021 对应的蓝色按钮,可进行互联参数选择。此时会显示可选择的参数列表,分别双击 r722.2、r722.3,再单击 OK 按钮,确认参数选择,如图 4-54 所示。

　　返回图形界面,此时显示固定速度选择参数已经与参数 r722.2、r722.3 互联,如图 4-55 所示。

　　又例如,将参数 P840 与参数 r722.0 互联。展开变频器控制单元下方的列表,在 Control Unit 下拉列表中选择 Inputs/Outputs,进入输入/输出界面。由于 r722.0 表示数字量输入 DI0,因此,在输入输出界面中选择 Digital inputs 选项卡,找到 DI0,单击 Digital input1 输入框右侧的蓝色按钮,单击 Further interconnections,如图 4-56 所示。

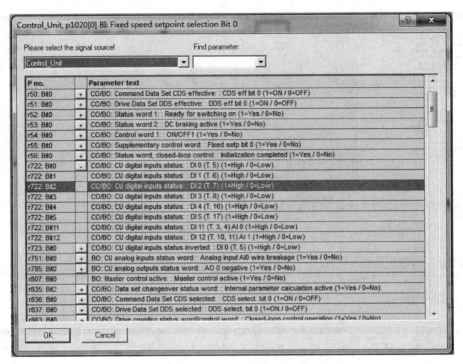

图 4-54　显示更多互联

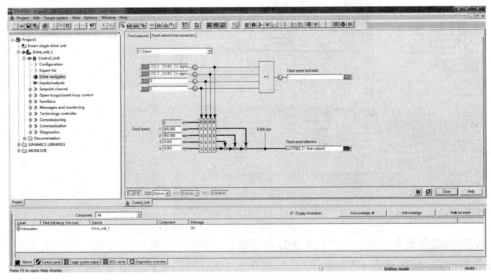

图 4-55　互联完成

　　弹出可互联的参数设置窗口,接收 r722.0 信号。找到参数 P840,在参数左侧勾选,单击 OK 按钮,确认参数选择,如图 4-57 所示。如需要 r722.0 与更多参数互联,同时实现多种功能,则根据需要同时勾选多个参数。

　　回到 Digital inputs 选项卡,Digital input0 下方显示已经与参数 P840 互联,如图 4-58所示。

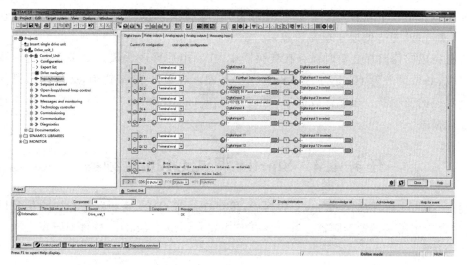

图 4-56 Inputs/Outputs 界面

图 4-57 选择参数

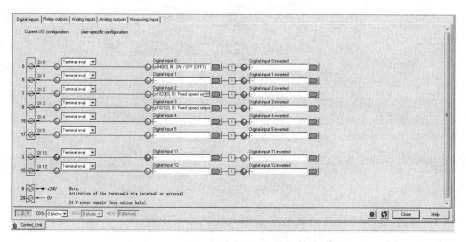

图 4-58 设置完成

因此,在 Starter 软件中,除了专家列表外,可利用丰富的图像界面,可视化地进行 BICO 参数互联,更方便地实现参数设置。

所有完成的修改都会暂时保存在变频器中,在断电后修改丢失。如果需要变频器持久保存修改,必须单击 (Copy RAM to ROM)按钮。在单击 按钮前,必须在项目导航器中选择对应的变频器。在保存数据后,可以单击 (Disconnect from target system)按钮,退出在线模式。

任务 4.4　Starter 调试 G120 变频器

通过 Starter 软件连接 G120 变频器后,可以在线对 G120 变频器进行初始化及快速调试,并结合应用需求设置变频器参数。本任务主要介绍使用 Starter 软件对行车变频系统进行仿真调试。

4.4.1　仿真调试变频器

微课:Starter
软件 IO 仿真
控制 G120 变
频器运行

演示:仿真控
制与实际端子
控制的选择

在实际调试过程中,通常综合使用专家列表直接进行参数的设置,并通过图形界面进行 BICO 参数的互联,参数设置完成后可进行仿真。

在 Inputs/outputs 界面中有多个选项卡,可分别查看并设置变频器数字量输入/输出、模拟量输入/输出端子对应的功能,也可以进行仿真调试。例如,在 Digital inputs 选项卡中,包括多个数字量输入端 DI,在每个 DI 右侧的下拉框中有两种模式可以选择,若选择 Simulation,则切换为仿真模式进行调试,勾选对应 DI 下拉列表右侧的方框时,该数字量输入为 1,取消勾选则为 0。若选择 Terminal eval,则可使用与变频器相连的实物按钮等数字量输入控制变频器实现设置的功能。仿真调试界面如图 4-59 所示。

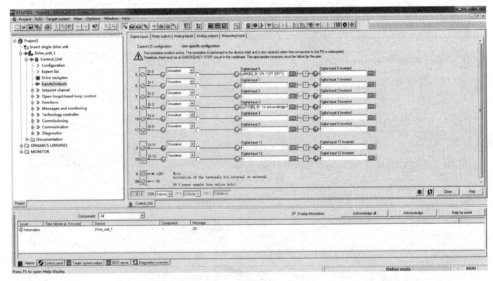

图 4-59　仿真调试界面

示例 1:通过 Starter 软件仿真数字量输入实现如下功能。

启停控制:电机的启停通过数字量输入 DI0 控制。

速度调节：转速通过电动电位器（MOP）调节,数字量输入 DI1 接通电机正向升速（或反向降速）；数字量输入 DI2 接通电机正向降速（或反向升速）。

解读：根据应用要求,系统控制方式为"端子启动,电动电位器（MOP）调速",通过查找宏手册可以看出,符合该控制方式的宏有宏指令 8（端子启动,电动电位器（MOP）调速,预留安全功能）和宏指令 9（端子启动,电动电位器（MOP）调速）。选用宏指令 8。

操作：电机加减速仿真控制

在宏指令 8 中,电机的启停通过数字量输入 DI0 控制,转速通过电动电位器（MOP）调节,数字量输入 DI1 接通电机正向升速（或反向降速）,数字量输入 DI2 接通电机正向降速（或反向升速）,DI4 和 DI5 预留用于安全功能。

进入 Expert list 专家列表中,找到参数 P10,单击对应参数右侧的 Online value Control_Uint,在下拉列表中选择[1] Quick commissioning,变频器进入快速调试状态,可修改其他参数。

找到参数 P15,按照同样方法在下拉列表中选择"8.) Motorized potentiometer with Basic Safety",选用宏功能8,如图 4-60 所示。

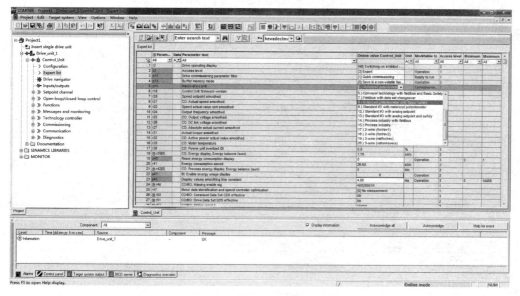

图 4-60　设置宏功能

设置 P15＝8 后,变频器自动设置的参数以及需要手动设置的参数请参考"3.2.2 G120 变频器宏的设置及调试"。

进入 Inputs/Outputs 输入/输出界面,在 Digital inputs 选项卡中,对各个数字量输入连接功能进行调整,使 P840＝r722.0（数字量输入 DI0 控制变频器使能）；P1035＝r722.1（数字量输入 DI1 接通电机正向升速）；P1036＝r722.2（数字量输入 DI2 接通电机正向降速）；P2103＝r722.3（数字量输入 DI3 控制变频器故障复位）,如图 4-61 所示。

进入专家列表,将参数 P10 设置为 0,变频器准备就绪。返回输入/输出界面,将端子模式设置为 Simulation 仿真模式。

切换为仿真模式后,勾选 DI0,电机启动,但速度不变；勾选 DI1,电机正向增速；取消勾选 DI1,勾选 DI2,则电机正向降速；取消勾选 DI0,电机停止运行,仿真调试如图 4-62 所

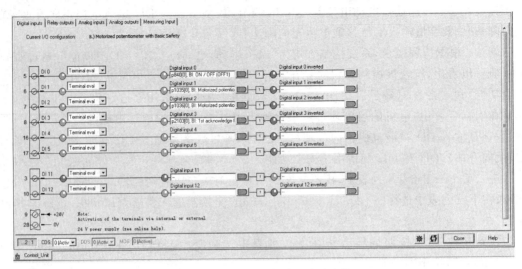

图 4-61   修改数字量输入端子功能

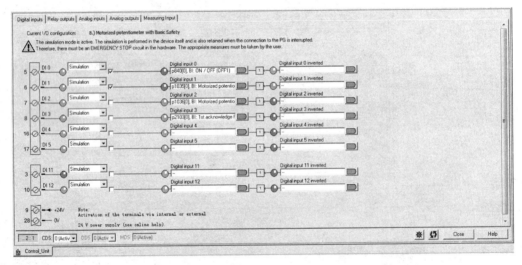

图 4-62   电机正向增速仿真调试

示。若选择端子模式为 Terminal eval,则使用实际的数字量输入端子进行调试。

操作:电机正
反转仿真控制

演示:双按钮
控制电机正
反向运行

　　示例 2:采用 G120 变频器精确控制电机的转速,通过 Starter 软件仿真数字量输入实现如下功能:电机的启停通过数字量输入 DI1 控制,DI2 控制电机反转;转速通过模拟量输入 AI0(−10V~+10V)调节。

　　解读:根据应用要求,系统控制方式为"端子启动,模拟量调速",通过查找宏手册,可以看出,符合该控制方式的宏有宏指令 12(端子启动模拟量调速)和宏指令 13(端子启动模拟量调速预留安全功能)。选用宏指令 12。

　　在宏指令 12 中,电机的启停通过数字量输入 DI0 控制,数字量输入 DI1 用于电机反向。转速通过模拟量输入 AI0 调节(AI0 默认为−10V~+10V 输入方式)。

　　进入 Expert list 专家列表中,找到参数 P10,单击对应参数右侧的 Online value Control_Uint,在下拉列表中选择[1] Quick commissioning,变频器进入快速调试状态,可修改其他参数。

找到参数 P15,按照同样的方法在下拉列表中选择 12.)Standard I/O with analog setpoint,选用宏功能 12,如图 4-63 所示。

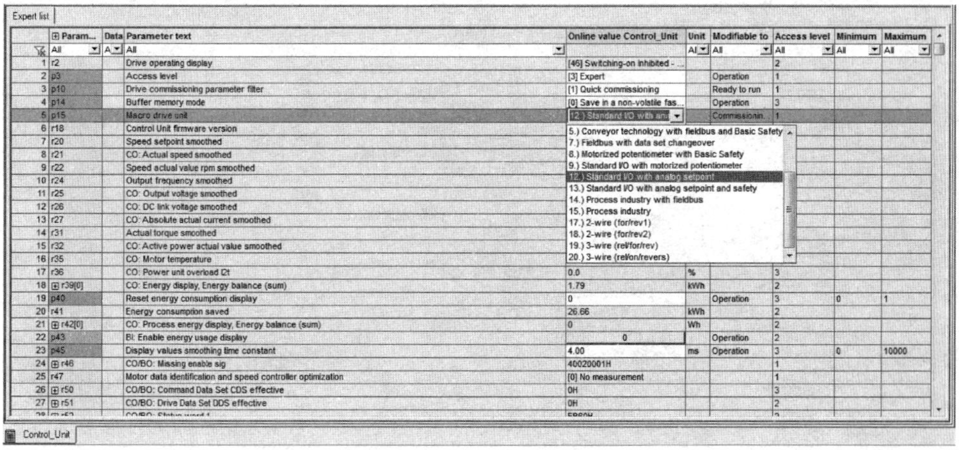

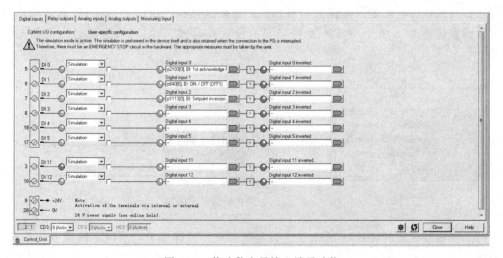

图 4-63 设置宏功能

设置 P15＝12 后,变频器自动设置的参数以及需要手动设置的参数请参考"3.2.2 G120 变频器宏的设置及调试"。

进入 Inputs/Outputs 输入/输出界面,在 Digital inputs 选项卡中,对各个数字量输入连接功能进行调整,使 P2103＝r722.0(数字量输入 DI0 控制变频器故障复位);P840＝r722.1 (数字量输入 DI1 控制变频器使能);P1113＝r722.2(数字量输入 DI2 作为电机反向命令), 如图 4-64 所示。

图 4-64 修改数字量输入端子功能

进入专家列表,将参数 P10 设置为 0,变频器准备就绪。返回输入/输出界面,将端子模式设置为 Simulation 仿真模式。

切换为仿真模式后,勾选 DI1,电机启动并正转;勾选 DI2,电机正向逐渐减速到 0,并开始反转；勾选 DI0 变频器故障复位，仿真调试如图 4-65 所示。若选择端子模式为 Terminal eval，则使用实际的数字量输入端子进行调试。

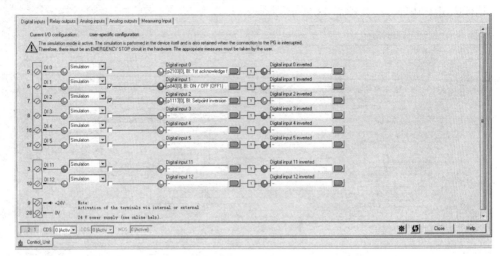

图 4-65　电机反转仿真调试

4.4.2　Starter 仿真调试行车变频系统

1. 多段速功能

多段速功能也称为固定转速，固定转速设定是变频器应用中常用到的一种速度给定方式，很多应用中只需要电机在通电后以固定转速运转，或者在不同的固定转速之间切换。P1000＝3 可以将主设定值和固定转速进行互联，用开关量端子选择固定设定值的组合，实现电机多段速运行。固定设定值有两种模式：直接选择和二进制选择，两种选择模式的具体参数设置请参考"3.2.2　G120 变频器宏的设置及调试"。固定转速设定结构如图 4-66 所示。

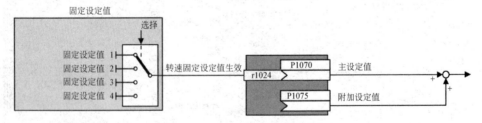

图 4-66　将固定转速设为设定值源

对于变频器设定的转速，P1070 是主设定值通道。当选择了利用固定转速方式控制时，主设定值通道需要与 r1024 关联，r1024 内部的参数值是已经选择的固定转速。将固定转速设为主设定值时，如果不使用附加设定值，则参数 P1075 无须设置。

2. 行车变频系统仿真调试

在行车变频系统中，通过 G120 变频器控制升降电机的转速和方向，从而实现行车按照多段固定速度上升或下降运行。要求实现升降电机可以低速（300r/min）、中速（600r/min）、中高速(800r/min)、高速(1100r/min)和超高速(1400r/min)五种固定转速上升或下降运行,通过 Starter 软件进行参数设置并仿真调试。

操作:铣床系统固定速度仿真控制

根据应用要求,系统控制方式为"端子启动,固定转速控制",通过查找宏手册,可以看出,符合该控制方式的宏有宏指令 2(单方向两个固定转速,预留安全功能)和宏指令 3(单方向四个固定转速)。选用宏指令 3。设置宏指令 3 后,变频器自动设置的参数以及需要手动设置的参数请参考"3.2.2 G120 变频器宏的设置及调试"。

实现本应用要求的固定转速设置方法及数字量输入分配不唯一,本任务仅展示其中一种,示例的参数设置见表 4-1 和表 4-2。

表 4-1　示例的数字量输入参数设置

参数号	参数值	说　明	参数组
P15	3	宏指令 3:单方向四个固定转速	CDS0
P1016	1	固定转速采用直接选择方式	CDS0
P840	r722.0	数字量输入 DI0 作为启动命令	CDS0
P1113	r722.1	数字量输入 DI1 作为反向命令	CDS0
P2103	r722.2	数字量输入 DI2 作为故障复位命令	CDS0
P1020	r722.3	数字量输入 DI3 作为固定转速 1 选择	CDS0
P1021	r722.4	数字量输入 DI4 作为固定转速 2 选择	CDS0
P1022	r722.5	数字量输入 DI5 作为固定转速 3 选择	CDS0
P1023	r722.11	数字量输入 DI11 作为固定转速 4 选择	CDS0

表 4-2　示例的固定转速参数设置

参数号	参数值	说　明	单位
P1001	300	固定转速 1	r/min
P1002	600	固定转速 2	r/min
P1003	800	固定转速 3	r/min
P1004	1100	固定转速 4	r/min

进入 Expert list 专家列表中,找到参数 P10,单击对应参数右侧的 Online value Control_Uint,在下拉列表中选择[1] Quick commissioning,变频器进入快速调试状态,可修改其他参数。

找到参数 P15,按照同样方法在下拉列表中选择 3.)Conveyor technology,选用宏功能3,如图 4-67 所示。

设置 P15=3 后,在专家列表中,找到参数 P1001、P1002、P1003 和 P1004,进行四个固定转速设置,如图 4-68 所示。

进入 Inputs/Outputs 输入/输出界面。在 Digital inputs 选项卡中,对各个数字量输入连接功能进行调整,使 P840=r722.0(数字量输入 DI0 控制变频器使能);P1113=r722.1(数字量输入 DI1 控制电机正反转);P2103=r722.2(数字量输入 DI2 控制变频器故障复位);P1020=r722.3(将 DI3 作为固定设定值 1 的选择信号);P1021=r722.4(将 DI4 作为固定设定值 2 的选择信号);P1022=r722.5(将 DI5 作为固定设定值 3 的选择信号),P1023=

Expert list

	Param...	Data	Parameter text	Online value Control_Unit	Unit	Modifiable to	Access level	Minimum	Maximum
	All	A	All		All	All	All	All	All
1	r2		Drive operating display	[46] Switching-on inhibited ...			1		
2	P3		Access level	[3] Expert		Operation	1		
3	P10		Drive commissioning parameter filter	[1] Quick commissioning		Ready to run	1		
4	P14		Buffer memory mode	[1] Buffer memory active (n...		Operation	3		
5	P15		Macro drive unit	3.) Conveyor technology...		Commissionin...	1		
6	r18		Control Unit firmware version	4708317			3		
7	r20		Speed setpoint smoothed	0.0	rpm		2		
8	r21		CO: Actual speed smoothed	0.0	rpm		2		
9	r22		Speed actual value rpm smoothed	0.0	rpm		3		
10	r24		Output frequency smoothed	0.0	Hz		3		
11	r25		CO: Output voltage smoothed	0.0	Vrms		2		
12	r26		CO: DC link voltage smoothed	578.5	V		2		
13	r27		CO: Absolute actual current smoothed	0.00	Arms		2		
14	r31		Actual torque smoothed	0.00	Nm		2		
15	r32		CO: Active power actual value smoothed	0.00	kW		2		
16	r35		CO: Motor temperature	20.0	[illegible]		2		
17	r36		CO: Power unit overload I2t	0.0	%		3		
18	⊞ r39[0]		CO: Energy display, Energy balance (sum)	0.02	kWh		2		
19	P40		Reset energy consumption display	0		Operation	3	0	1
20	r41		Energy consumption saved	16.13	kWh		2		
21	⊞ r42[0]		CO: Process energy display, Energy balance (sum)	0	Wh		2		
22	P43		BI: Enable energy usage display	0		Operation	2		
23	P45		Display values smoothing time constant	4.00	ms	Operation	3	0	10000
24	⊞ r46		CO/BO: Missing enable sig	40020001H			1		
25	r47		Motor data identification and speed controller optimization	[0] No measurement			1		
26	⊞ r49[0]		Motor data set/encoder data set effective, Motor Data Set MDS effective	0			2		
27	⊞ r50		CO/BO: Command Data Set CDS effective	0H			3		
28	⊞ r51		CO/BO: Drive Data Set DDS effective	0H			2		
29	⊞ r52		CO/BO: Status word 1	EBE0H			2		
30	⊞ r53		CO/BO: Status word 2	2E0H			2		
31	⊞ r54		CO/BO: Control word 1	47EH			2		
32	⊞ r55		CO/BO: Supplementary control word	2000H			3		
33	⊞ r56		CO/BO: Status word, closed-loop control	2H			3		
34	r60		CO: Speed setpoint before the setpoint filter	0.00	rpm		3		

Control_Unit　Control_Unit

图 4-67　设置宏功能

Expert list

	Param...	Data	Parameter text	Online value Control_Unit	Unit	Modifiable to	Access level	Minimum	Maximum
	All	A	All		All	All	All	All	All
331	P970		Reset drive parameters	[0] Inactive		Commissionin...	1		
332	P971		Save parameters	[0] Inactive		Operation	1		
333	P972		Drive unit reset	[0] Inactive		Operation	3		
334	⊞ r979[0]		PROFIdrive encoder format, Header	21266			3		
335	⊞ p1000[0]	C	Speed setpoint selection	[3] Fixed speed setpoint		Ready to run	1		
336	P1001[0]	D	CO: Fixed speed setpoint 1	300.000	rpm	Operation	2	-210000	210000
337	P1002[0]	D	CO: Fixed speed setpoint 2	600.000	rpm	Operation	2	-210000	210000
338	P1003[0]	D	CO: Fixed speed setpoint 3	800.000	rpm	Operation	2	-210000	210000
339	P1004[0]	D	CO: Fixed speed setpoint 4	1100.000	rpm	Operation	2	-210000	210000
340	P1005[0]	D	CO: Fixed speed setpoint 5	0.000	rpm	Operation	2	-210000	210000
341	P1006[0]	D	CO: Fixed speed setpoint 6	0.000	rpm	Operation	2	-210000	210000
342	P1007[0]	D	CO: Fixed speed setpoint 7	0.000	rpm	Operation	2	-210000	210000
343	P1008[0]	D	CO: Fixed speed setpoint 8	0.000	rpm	Operation	2	-210000	210000
344	P1009[0]	D	CO: Fixed speed setpoint 9	0.000	rpm	Operation	2	-210000	210000
345	P1010[0]	D	CO: Fixed speed setpoint 10	0.000	rpm	Operation	2	-210000	210000
346	P1011[0]	D	CO: Fixed speed setpoint 11	0.000	rpm	Operation	2	-210000	210000
347	P1012[0]	D	CO: Fixed speed setpoint 12	0.000	rpm	Operation	2	-210000	210000
348	P1013[0]	D	CO: Fixed speed setpoint 13	0.000	rpm	Operation	2	-210000	210000
349	P1014[0]	D	CO: Fixed speed setpoint 14	0.000	rpm	Operation	2	-210000	210000
350	P1015[0]	D	CO: Fixed speed setpoint 15	0.000	rpm	Operation	2	-210000	210000
351	p1016		Fixed speed setpoint select mode	[1] Direct		Ready to run	2		
352	⊞ P1020[0]	C	BI: Fixed speed setpoint selection Bit 0	Control_Unit : r722.0		Ready to run	3		
353	⊞ P1021[0]	C	BI: Fixed speed setpoint selection Bit 1	Control_Unit : r722.1		Ready to run	3		
354	⊞ P1022[0]	C	BI: Fixed speed setpoint selection Bit 2	Control_Unit : r722.4		Ready to run	3		
355	⊞ P1023[0]	C	BI: Fixed speed setpoint selection Bit 3	Control_Unit : r722.5		Ready to run	3		
356	r1024		CO: Fixed speed setpoint effective	0.000	rpm		3		
357	⊞ r1025		BO: Fixed speed setpoint status	0H			3		
358	⊞ P1030[0]	D	Motorized potentiometer configuration	6H		Operation	3		
359	⊞ P1035[0]	C	BI: Motorized potentiometer setpoint raise	0		Ready to run	3		
360	⊞ P1036[0]	C	BI: Motorized potentiometer lower setpoint	0		Ready to run	3		
361	P1037[0]	D	Motorized potentiometer maximum speed	1400.000	rpm	Operation	3	-210000	210000
362	P1038[0]	D	Motorized potentiometer minimum speed	-1400.000	rpm	Operation	3	-210000	210000
363	⊞ p1039[0]	C	BI: Motorized potentiometer inversion	0		Ready to run	3		
364	P1040[0]	D	Motorized potentiometer starting value	0.000	rpm	Operation	2	-210000	210000

Control_Unit　Control_Unit

图 4-68　固定转速设置

r722.11(将 DI11 作为固定设定值 4 的选择信号),如图 4-69 所示。

进入专家列表,将参数 P10 设置为 0,变频器准备就绪。返回输入/输出界面,将端子模式设置为 Simulation 仿真模式。

切换为仿真模式后,勾选 DI0,变频器启动;勾选 DI3,电机以 300r/min 速度运转。仿真调试如图 4-70 所示。

勾选 DI0、DI1、DI3,电机以-300r/min 速度运转,仿真调试如图 4-71 所示。

勾选 DI0、DI11,电机以 1100r/min 速度运转,仿真调试如图 4-72 所示。

勾选 DI0、DI4、DI5,电机以 1400r/min 速度运转,仿真调试如图 4-73 所示。

若选择端子模式为 Terminal eval,则使用实际的数字量输入端子进行调试。

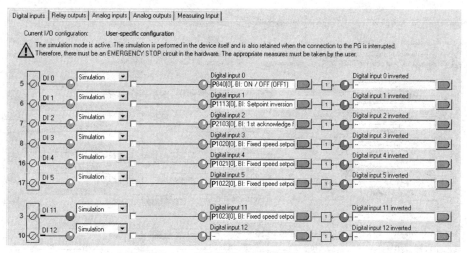

图 4-69 修改数字量输入端子功能

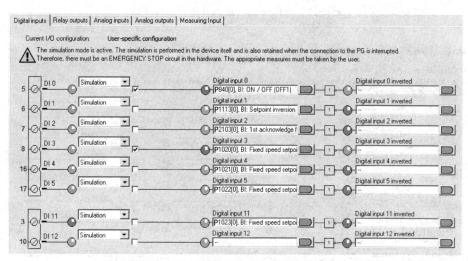

图 4-70 升降电机低速上升运行仿真调试

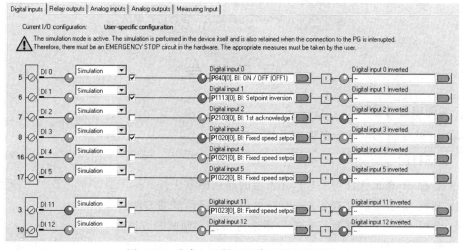

图 4-71 升降电机低速下降运行仿真调试

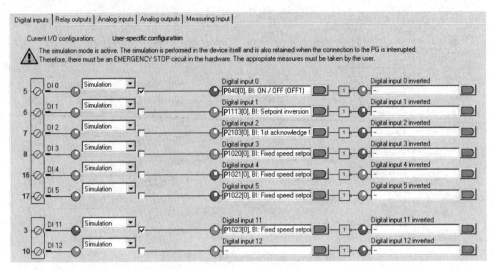

图 4-72　升降电机高速上升运行仿真调试

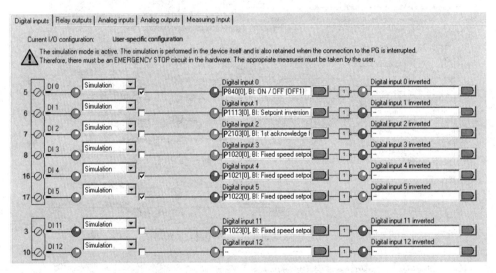

图 4-73　升降电机超高速上升运行仿真调试

项 目 报 告

1. 实训项目名称

Starter 软件仿真调试行车变频系统。

2. 实训目的

(1) 掌握 Starter 软件与 G120 变频器的通信的方法。

(2) 掌握 Starter 软件对 G120 变频器进行快速调试的方法。

(3) 掌握 Starter 软件对行车变频系统进行仿真调试的方法。

3．任务与要求

（1）在 Starter 软件中建立与 G120 变频器的通信。

（2）在 Starter 软件中对 G120 变频器进行初始化、快速调试、电机静态参数识别，在控制面板中进行运行调试。

（3）在 Starter 软件中对行车变频系统进行参数设置及仿真调试。

4．实训设备

本实训项目用到的硬件：G120 变频器、电机、PC 机等。

本实训项目用到的软件：Starter 软件。

5．项目设计

在行车变频系统中，通过 G120 变频器控制升降电机的启停、正反转、故障复位和给定速度，从而实现行车按照多段固定速度上升或下降运行。要求升降电机以低速（200r/min）、中速（500r/min）、中高速（800r/min）、高速（1100r/min）和超高速（1400r/min）五种固定转速上升或下降运行，多段速控制方式采用二进制选择模式，试进行参数设计。

6．操作调试

（1）在 Starter 软件中进行下列内容的操作及调试。

① G120 变频器硬件组态，可访问节点搜索设备；

② 变频器转至在线；

③ 通过调试向导进行快速调试；

④ 控制面板调试电机运行。

（2）在 Starter 软件中采用仿真的方法，对上面设计的行车变频系统参数进行设置和调试。

7．实训结论

总结实训过程，试阐述：

（1）Starter 软件中控制面板调试电机的主要操作步骤及注意点。

（2）Starter 软件中仿真调试行车变频系统的参数设计、设置及调试结论。

S7-1200 PLC I/O控制行车变频系统的设计及调试

目 标 要 求

知识目标:

(1) 掌握 S7-1200 PLC 的基础知识。

(2) 掌握博途软件的基础知识。

(3) 理解 S7-1200 PLC 的 I/O 接口电路及电气连接知识。

(4) 掌握 S7-1200 PLC 的编程技术。

(5) 掌握 PLC I/O 控制 G120 变频器的相关知识。

能力目标:

(1) 能够在博途软件中建立一个 S7-1200 PLC 项目。

(2) 能够在博途软件中在线检测 G120 变频器及 S7-1200 PLC。

(3) 能够设计 PLC 通过 I/O 接口控制 G120 变频器的电气接线图。

(4) 能够设计 S7-1200 PLC 通过 I/O 接口控制行车变频系统的电气接线图及控制程序。

(5) 能够对该项目设置 G120 变频器参数及进行系统调试。

素质目标:

(1) 培养对行车变频系统项目设计及调试的职业素质和能力。

(2) 培养项目实施中的资料收集、独立思考、项目计划、分析总结等能力。

(3) 树立安全意识,严格遵守电气安全操作规程。

(4) 爱护变频器、PLC、PC 机等仪器设备,自觉做好维护和保养工作。

(5) 培养团队成员交流合作、相互配合、互相帮助的良好工作习惯。

任务 5.1　西门子 S7-1200 PLC 概述

S7-1200 PLC 是西门子公司推出的新一代通用 PLC，能应用于一系列工业自动化系统控制，如实现对变频器的智能控制。其指令系统及编程技术与 S7-1500 PLC 兼容，并集成了工业以太网接口，具有很强的通信能力。S7-1200 PLC 采用西门子 TIA 博途软件进行编程和调试。

5.1.1　S7-1200 PLC 简介

微课：PLC
工作原理

S7-1200 PLC 是一款紧凑型、模块化的可编程控制器，具有设计紧凑、成本低廉、节省空间的特点，且具有功能强大的指令集，是目前自动化应用领域的主流产品。它由 CPU 模块、信号板、信号模块、通信模块和编程软件等组成，并可根据应用需求扩展其他信号、通信等模块，使用方便。各种模块安装在标准的 DIN 导轨上。

1. CPU 模块

CPU 模块是 S7-1200 PLC 的主体部分，它将微处理器、集成电源、输入和输出电路、PROFINET 以太网接口、高速运动控制 I/O 以及板载模拟量输入模块组合到一个设计紧凑的外壳中。图 5-1 所示为 CPU1214C 模块的外形图。

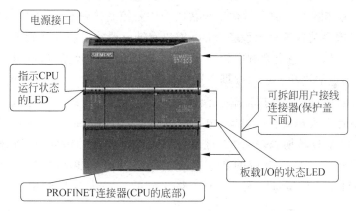

图 5-1　CPU1214C 模块的外形图

S7-1200 PLC 集成的 PROFINET 接口用于与编程计算机、人机界面接口（HMI）、变频器、其他 PLC 等设备通信。此外它还可以通过开放的以太网协议与第三方设备通信。

S7-1200 PLC 有 5 种型号的 CPU 模块，不同型号的模块在功能上有一些区别，具体技术规格见表 5-1。

表 5-1　S7-1200 CPU 技术规格

特　　性	CPU 1211C	CPU 1212C	CPU 1214C	CPU 1215C	CPU 1217C
本机数字量 I/O 点数	6 入/4 出	8 入/6 出	14 入/10 出	14 入/10 出	14 入/10 出
本机模拟量 I/O 点数	2 入	2 入	2 入	2 入/2 出	2 入/2 出
工作存储器/装载存储器	50KB/1MB	75KB/2MB	100KB/4MB	125KB/4MB	150KB/4MB
信号模块扩展个数	无	2	8	8	8

续表

特　　性	CPU 1211C	CPU 1212C	CPU 1214C	CPU 1215C	CPU 1217C
最大本地数字量I/O点数	14	82	284	284	284
最大本地模拟量I/O点数	13	19	67	69	69
高速计数器	最多可以组态6个使用任意内置或信号板输入的高速计数器				
脉冲输出(最多4点)	100kHz	100kHz 或 20kHz			1MHz 或 100kHz
上升沿/下降沿中断点数	6/6	8/8	12/12	12/12	12/12
脉冲捕获输入点数	6	8	14	14	14

2. 信号模块与信号板

信号模块是外部设备和CPU连接的桥梁,输入(Input)模块和输出(Output)模块简称为I/O模块,也可以统称为信号模块或SM模块。其中数字量输入模块简称为DI模块,数字量输出模块简称为DO模块,模拟量输入模块简称为AI模块,模拟量输出模块简称为AO模块。

(1)数字量输入模块。数字量输入模块的作用是采集输入信号。数字量输入一般接收从按钮、选择开关、数字拨码开关、限位开关、光电开关、压力继电器等传来的数字量信号。可以根据不同的控制选用8点、16点的DI模块。

(2)数字量输出模块。数字量输出模块的作用是控制接触器、电磁阀、电磁铁、指示灯、数字显示装置和报警装置等输出设备。DO模块有继电器输出和晶体管DC24V输出两种,从响应速度上看,晶体管输出型响应较快,继电器输出型响应较慢,但继电器输出型安全隔离效果更好,应用更加灵活。可以根据不同的控制选用8点、16点的DO模块。

(3)模拟量输入模块。模拟量输入模块用来接收电位器、测速发电机和各种变送器提供的连续变化的标准模拟量程的电流、电压信号,例如4~20mA、0~20mA、-10~+10V等。AI模块用于A/D转换,转换的二进制位数反映了模块的精度,位数越多,精度越高。双极性模拟量满量程转换后对应的数字为-27648~27648,单极性模拟量转换后为0~27648。例如,SM1231模拟量输入模块有4路、8路的13位精度模块和4路的16位精度模块可供选择。

(4)模拟量输出模块。模拟量输出模块用来控制电动调节阀、变频器等执行器。AO模块用于D/A转换,将PLC中的数字量转换成模拟量电压或电流,再控制执行机构。例如,SM1232模拟量输出模块有2路和4路可供选择,-10~+10V电压输出精度14位,4~20mA、0~20mA电流输出精度13位。-27658~27648对应双极性满量程电压,0~27648对应单极性满量程电流。S7-1200的信号模块安装在CPU模块的右边,最多可在右边扩展8个信号模块,来增加输入/输出的点数。

(5)信号板。S7-1200所有的CPU模块的正面都可以安装一块信号板,并且不会增加安装的空间。添加一块信号板就可以增加所需的功能。例如,数字量输出信号板使继电器输出的CPU具有高速输出的功能。信号板有4DI、4DO、2DI/2DO、热电偶、热电阻、1AI、1AQ、RS485信号板和电池板等多种类型。信号板安装时首先取下端子盖板,然后将信号板直接插入S7-1200 CPU正面的槽内。信号板有可拆卸的端子,因此可以很容易地更换信号板。

3．通信接口与通信模块

S7-1200 PLC 的 CPU 上集成了 PROFINET 接口，支持工业以太网通信。如果需要其他的通信方式，如 PROFIBUS-DP 通信，可以加装通信模块。S7-1200 PLC 最多可以增加3 个通信模块，它们安装在 CPU 模块的左边。不同型号的通信模块支持不同的通信方式，可以根据应用需求选择合适的通信模块，具体可以参看西门子官网手册。

综上，S7-1200 PLC 各模块的安装位置如图 5-2 所示。其中，①为通信模块（CM）或通信处理器（CP）；②为 CPU 模块；③为信号板（SB）；④为信号模块（SM）。

图 5-2　S7-1200 PLC 各模块的安装位置

5.1.2　I/O 接口电路

西门子 S7-1200 PLC 的 CPU1214C DC/DC/DC 模块自带数字量输入（DI）、数字量输出（DO）和模拟量输入（AI）三类信号的端子，该 PLC 采用外部 DC 24V 电源供电，同时提供DC 24V 电源输出。其 I/O 接口电路如图 5-3 所示。

微课：PLC IO 控制 G120 变频器概述

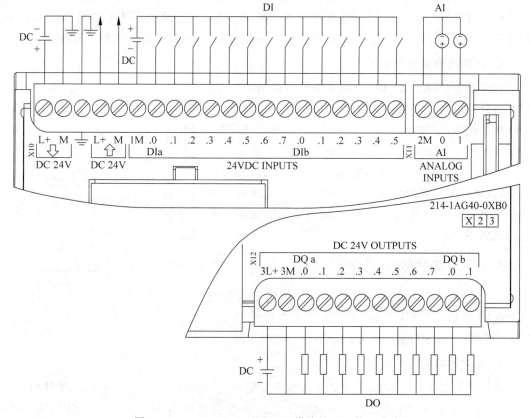

图 5-3　CPU1214C DC/DC/DC 模块的 I/O 接口电路

1. 数字量输入信号接线

图 5-3 中 CPU1214C DC/DC/DC 模块的上端子排集成了 14 路数字量输入接线端子,采用漏型方式接线,1M 端接 DC 24V 的负端,输入开关的负端接输入端子,另一端接 DC 24V 的正端。可采用 PLC 输出的 DC 24V 电源供电。

数字量输入扩展模块 SM1221 的接线与上面相同。

2. 数字量输出信号接线

CPU1214C DC/DC/DC 模块的下端子排集成了 10 路晶体管型数字量输出接线端子,采用源型方式接线,图 5-3 所示的 3M 端接 DC 24V 的负端,3L+端接 DC 24V 的正端,负载的负端接输出端子,另一端接 DC 24V 的负端。可采用 PLC 输出的 DC 24V 电源供电。

数字量输出扩展模块 SM1222 的接线有两种情况:对于晶体管型输出信号,接线同上;对于继电器型输出信号,其内部就是常开或常闭的无源开关信号,因此可采用直流或交流电源给负载供电,接线方向也无限制。

3. 模拟量输入信号接线

CPU1214C DC/DC/DC 模块的上端子排最右侧集成了两路模拟量输入接线端子,支持 0～10V 电压信号输入。图 5-3 所示的 2M 端接电压信号的负端,端子 1、2 接电压信号的正端。如果连接的是 0/4mA～20mA 的电流信号,则需在 2M 和端子 1、2 间并联一个 500Ω 的电阻,需考虑其功率损耗。

模拟量输入扩展模块 SM1231 的接线支持电压、电流信号输入。输入通道设置为电压信号输入时,接线同上;设置为电流信号输入时,电流信号输入的传感器根据连接线数的不同分为二线制、三线制、四线制,它们的接线方法是有区别的,具体请参考相关资料。

4. 模拟量输出信号接线

CPU1214C DC/DC/DC 模块不带模拟量输出功能,因此需外接模拟量输出扩展模块 SM1232。它可以输出 ±10V 的电压信号、4～20mA 或 0～20mA 的电流信号。SM1232 的接线如图 5-4 所示,该模块提供两个输出通道,每个通道有两个端子。模拟量输出信号的接线比较简单,直接对应到两个端子上就可以了,以 0M 和 0 为例,0M 端相当于公共端,0 端输出接到电压的正端或电流的流出端。

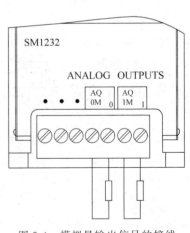

图 5-4　模拟量输出信号的接线

5.1.3　博途软件简介

微课:S7-1200 编程软件 界面介绍

博途英文全称为 TIA PORTAL,是西门子全集成自动化的工程设计软件平台。S7-1200 PLC 可采用 TIA Basic(基本版)或 STEP7 Professional(专业版)编程。

1. 安装博途对计算机的要求

以博途 STEP7 Professional V14 版本的安装为例,建议计算机内存至少 4GB 且加装固态硬盘。博途 V14 SP1 要求的计算机操作系统为 32 位或 64 位的 Windows 7 SP1,或 64 位的 Windows 10,不支持 Windows XP,不建议安装在家庭版的 Windows 操作系统上。安装博途软件应首先安装 STEP 7 Professional,然后再安装 S7-PLC SIM、Startdrive 等软件。

2. 软件的安装

建议在安装博途软件之前关闭或卸载杀毒软件和 360 安全卫士之类的软件。如果在安装过程中仍然出现反复重启的情况,可在安装前打开注册表编辑器(快速调用注册表编辑器的方法是按下组合键 Win＋R,或者输入 regedit),在注册表文件中找到 HKEY_LOCAL_MACHINE\SYSTEM\CurrentControlSet\Control\Session Manage\下的 PendingFileRenameOperations,并把它删除,如图 5-5 所示。

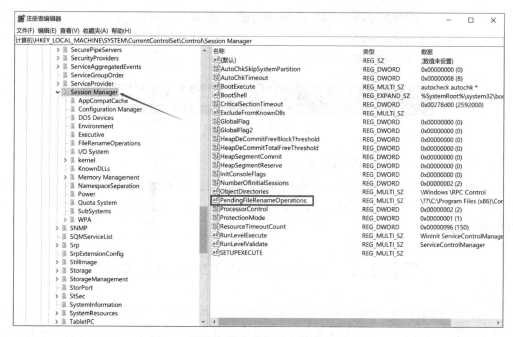

图 5-5　删除注册表相关项以解决重启问题

安装文件存放的文件夹层次不能太多,各级文件夹的名称不能使用中文,否则会提示SSF 错误,导致无法安装。

双击应用文件 🄰🅂 STEP 7 Professional V14 SP1,开始安装。

"安装语言"对话框采用默认的安装语言中文,"产品语言"对话框采用默认的英语和中文。单击各对话框的"下一步"按钮,进入下一个对话框。

在"产品配置"对话框中,选择安装类型和安装路径,默认采用"典型"配置和 C 盘中默认的安装路径。单击"浏览"按钮,可以设置安装软件的目标文件夹。具体界面如图 5-6 所示。

安装快结束时,单击"许可证传送"对话框中的"跳过许可证传送"按钮以后再传送许可证密钥。此后继续安装,最后单击"安装已成功完成"对话框中的"重新启动"按钮,立即重启计算机。在软件使用前需安装软件的许可证密钥。如果没有,在第一次使用软件时,可以选择获取试用许可证密钥,可以获得 21 天试用期。

如果当前没有真实的 PLC,可以安装仿真程序 S7-PLCSIM V14 SP1,编写完成的程序经编译后就可以下载到仿真器中进行运行和调试。S7-PLCSIM V14 SP1 的安装过程与

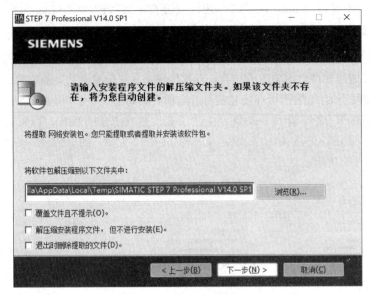

图 5-6　安装路径界面

STEP 7 Professional V14 SP1 基本相同。

SINAMICS Startdrive 软件是博途软件的一个组件，主要用于调试西门子 SINAMICS、MICROMASTER 4 系列驱动产品。SINAMICS Startdrive 的安装步骤与 STEP 7 Professional V14 SP1 也基本相同。

任务 5.2　建立一个 S7-1200 PLC 项目

本任务主要介绍博途软件的使用及 S7-1200 PLC 编程技术，为实现 S7-1200 PLC 控制 G120 变频器打下基础。通过本任务的学习，学会建立一个 S7-1200 PLC 的项目，利用博途软件在线监测 PLC，进行简单的 PLC 编程，并对项目进行编译下载及测试。

5.2.1　S7-1200 PLC 编程技术

1. PLC 的编程语言

S7-1200 PLC 可以使用梯形图（LAD）、函数块图（FBD）和结构化控制语言（SCL）进行编程。梯形图 LAD 是一种图形编程语言，它使用基于电路图的表示法；函数块图是基于布尔代数中使用的图形逻辑符号的编程语言；结构化控制语言是一种基于文本的高级编程语言。

1）梯形图

梯形图和继电器电路图很相似，可以借用继电器电路的术语和分析方法，熟悉继电控制的电气人员比较容易掌握，它是使用最普及的一种 PLC 编程语言。

梯形图由触点、线圈和用矩形框表示的指令框组成。触点代表逻辑输入条件，例如外部的开关、按钮和内部条件等；线圈通常代表逻辑运算的结果，常用来控制外部的负载和内部的标志位等；指令框用来表示定时器、计数器或者数学运算等指令。梯形图程序段如图 5-7

所示。STEP 7会自动为程序段编号,可以在程序段编号后面加上标题,下方加上注释。单击编辑器工具栏上的圖按钮,可以显示或者关闭程序段注释。

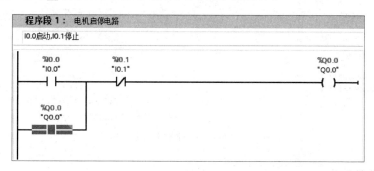

图 5-7　电机启停电路的 LAD 语言编程

程序段的逻辑运算从左向右,借用继电器电路图的分析方法,可以想象在梯形图程序段上有一个左正右负的直流电源电压,有一个假象的"能流"从左向右流过,如果没有跳转指令,程序段之间按照从上到下的顺序执行,执行完所有的程序段后,下一次扫描循环返回最上面的程序段 1 重新执行。

2) 函数块图

函数块图使用类似于数字电路的图形逻辑符号表示控制逻辑,有数字电路基础的编程人员很容易理解。如图 5-8 所示是图 5-7 中梯形图程序对应的函数块图程序。在函数块图中,用类似于与门(带有符号 &)、或门(带有符号>=1)的矩形框表示逻辑运算关系,矩形框的左边为逻辑运算的输入变量,右边为输出变量,输入、输出端的小圆圈表示"非"运算,矩形框被"导线"连接在一起,信号自左向右流动。指令框用来表示一些复杂的功能,例如数学运算等。梯形图程序和函数块图程序可以相互切换。

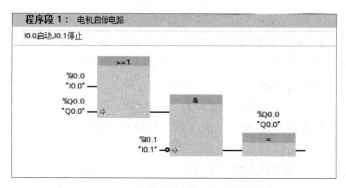

图 5-8　电机启停电路 FBD 语言编程

3) 结构化控制语言

结构化控制语言简称 SCL,是一种基于 PASCAL 的高级编程语言。SCL 除了包含 PLC 的典型元素,例如输入、输出、定时器或存储器位外,还包含高级编程语言中的表达式、赋值运算和符号等。SCL 提供了简便的指令进行程序控制,例如创建程序分支、循环或跳转。SCL 尤其适用于下列应用领域:数据管理、过程优化、配方管理和数学计算、统计任务。如图 5-9 所示是图 5-7 梯形图程序对应的 SCL 程序。

```
1 ⊟IF "I0.0" OR"Q0.0"THEN
2  ⊟    IF "I0.1" THEN
3              // Statement section IF
4              "Q0.0" := TRUE;
5          ELSE
6              "Q0.0" := FALSE;
7      END_IF;
8  ELSE
9          // Statement section IF
10         "Q0.0":=FALSE;
11 END_IF;
12
```

▶	"I0.0"	%I0.0
	"I0.1"	%I0.1
	"Q0.0"	%Q0.0
	"Q0.0"	%Q0.0
	"Q0.0"	%Q0.0

图 5-9　电机启停电路 SCL 语言编程

微课：S7-1200
的程序结构

2. 用户程序结构

S7-1200 的用户程序结构是将复杂的自动化任务划分成较小的子任务,每个子任务对应一个称之为"块"的子程序,可以通过块与块之间的相互调用组织程序,这样的程序易于修改、查错和调试。代码块的个数没有限制。各种块的简要说明见表 5-2。

表 5-2　用户程序中的块

序号	块 的 类 别	简 要 描 述
1	组织块(OB)	操作系统与用户程序的接口,决定用户程序的结构
2	函数块(FB)	用户编写的、包含经常使用的功能的子程序,有专用的实例数据块
3	函数(FC)	用户编写的、包含经常使用的功能的子程序,没有专用的实例数据块
4	实例数据块(DB)	用于保存 FB 的输入、输出参数和静态变量,其数据在编译时自动生成
5	全局数据块(DB)	存储用户数据的数据区域,供所有的代码块共享

1) 组织块

组织块(organization block,OB)是用户编写的程序。每个组织块必须有一个唯一的 OB 编号。CPU 中特定的事件触发组织块的执行,OB 不能被相互调用,也不能被 FC 和 FB 调用,只有启动事件可以启动 OB 的执行,例如诊断中断事件或周期性中断事件。

(1)程序循环组织块。OB1 是用户程序中的主程序,CPU 循环执行操作系统程序,在每一次循环中,操作系统程序调用一次 OB1,因此 OB1 中的程序是循环执行的。S7-1200 PLC 允许有多个程序循环 OB,默认的是 OB1,其他程序循环 OB 的编号应大于等于 123(123 之前的编号是系统保留的)。

(2)启动组织块。当 CPU 的工作模式从 STOP 切换到 RUN 时,执行一次启动(STARUP)组织块,初始化程序循环 OB 中的某些变量。执行完启动 OB 后,开始执行程序循环 OB。可以有多个启动 OB,默认为 OB100,其他启动 OB 编号应大于或等于 123。

(3)中断组织块。中断处理用来实现对特殊内部事件或外部事件的快速响应。如果没有中断事件出现,CPU 循环执行组织块 OB1 和它调用的块。如果出现中断事件,例如诊断中断和时间延迟中断等,因为 OB1 的中断优先级最低,操作系统在执行完当前程序的当前指令(即断点处)后,立即响应中断。

2) 函数

函数(function,FC)是用户编写的子程序。函数是快速执行的代码块,可用于完成标准的或可重复使用的操作,例如算术运算。函数没有固定的存储区,函数执行结束后,其临时变量中的数据就丢失了。

3)函数块

函数块(function block,FB)是用户编写的子程序。调用函数块时,需要指定实例数据块。CPU执行FB中的程序代码,将块的输入、输出参数和局部静态变量保存在实例数据块中,以便在后面的扫描周期访问它们。调用同一个函数块时使用不同的实例数据块,可以控制不同的对象。

4)数据块

数据块(data block,DB)是用于存放执行代码块时所需数据的数据区,与代码块不同,数据块没有指令,STEP 7按变量生成的顺序自动为数据块中的变量分配地址。

有两种类型的数据块:

(1) 全局数据块存储供所有的代码块使用的数据,即 OB、FB 和 FC 都可以访问它们。

(2) 实例数据块存储的数据供特定的 FB 使用。实例数据块中保存的是对应的 FB 的输入、输出参数和局部静态变量。FB 的临时数据(temp)不在实例数据块中保存。

3. CPU 的工作模式

PLC 的 CPU 采用顺序扫描用户程序的运行方式,即如果一个输出线圈或逻辑线圈被接通或断开,那么该线圈的所有触点不会立即动作,必须等扫描到该触点时才会动作。PLC的工作方式是一个不断循环的顺序扫描工作方式。每一次扫描所用的时间称为扫描周期或工作周期。

CPU 有 3 种工作模式: RUN(运行)、STOP(停机)和 STARTUP(启动)。CPU 面板上的状态 LED 用来指示当前的工作模式。在 STOP 模式下,CPU 不执行程序,可以下载项目。在 STARTUP 模式下,执行一次启动 OB,CPU 不会处理中断事件。在 RUN 模式下,程序循环 OB 重复执行,可能发生中断事件,并在 RUN 模式中的任意点执行相应的中断事件 OB。

在 CPU 内部的存储器中,设置了一片区域存放输入信号和输出信号的状态,它们被称为过程映像输入区和过程映像输出区。从 STOP 模式切换到 RUN 模式时,CPU 进入启动模式,执行下列操作,如图 5-10 所示。

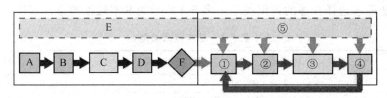

图 5-10　启动与运行过程示意图

阶段 A 复位过程映像输入区(I 区)。

阶段 B 用上一次 RUN 模式最后的值或替代值初始化输出。

阶段 C 执行一个或多个启动 OB,将非保持性 M 存储器和数据块初始化为其初始值,并启用组态的循环中断事件和时钟事件。

阶段 D 将外设输入状态传送到过程映像输入区。

阶段 E 为整个启动阶段,将中断事件保存到队列,以便在 RUN 模式进行处理。

阶段 F 将过程映像输出区(Q 区)的值写到外设输出。

启动阶段结束后,进入 RUN 模式。

阶段①将过程映像输出区的值写到输出模块。

阶段②将输入模块处的输入值传送到过程映像输入区。

阶段③执行一个或多个程序循环 OB,首先执行主程序 OB1。

阶段④处理通信请求和进行自诊断。

在扫描循环的任意阶段⑤出现中断事件时,执行中断程序。以下对阶段⑤扫描循环过程中的输入采样阶段、程序执行阶段、输出刷新阶段进行详细的分析。

(1) 输入采样阶段。PLC 在输入采样阶段,首先扫描所有输入端子,并将各输入端子状态存入内存中对应的过程映像输入区。此时,过程映像输入区被刷新。接着,进入程序执行阶段,在程序执行阶段和输出刷新阶段,过程映像输入区与外界隔离,无论输入信号如何变化,其内容保持不变,直到下一个扫描周期的输入采样阶段,才重新写入输入端的新内容。

(2) 程序执行阶段。根据 PLC 梯形图程序扫描原则,PLC 按先左后右、先上后下的步序逐句扫描。但遇到程序跳转指令时,则根据跳转条件决定程序的跳转地址。当指令中涉及输入、输出状态时,PLC 就从过程映像输入区"读入"上一阶段采入的对应输入端子状态,然后进行相应的运算,运算结果跟随程序执行的过程而变化。

(3) 输出刷新阶段。在所有指令执行完毕后,所有输出继电器的状态在输出刷新阶段被转存到过程映像输出区,通过一定方式写到外设输出并驱动外部负载。

CPU 模块上没有切换工作模式的模式选择开关,只能用 STEP 7 在线工具中的"CPU 操作面板"(见图 5-11),或工具栏上的 ⬛ 按钮和 ⬛ 按钮,切换 STOP 或 RUN 工作模式。

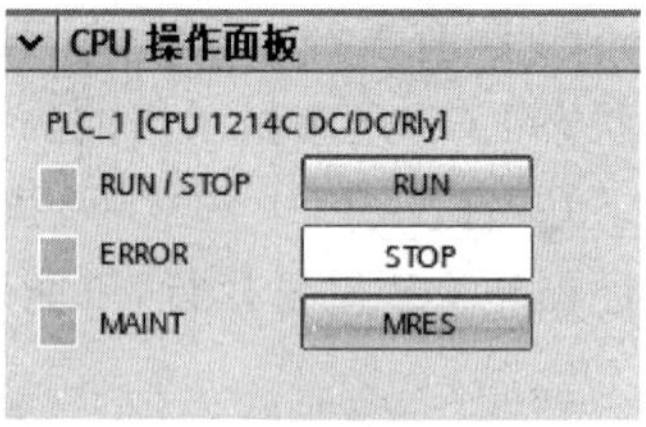

图 5-11　CPU 操作面板

4. 基本数据类型

数据类型用来描述数据的长度,也就是二进制数的位数和属性。很多指令和代码块的参数支持多种数据类型。

微课:S7-1200
支持的数据
类型

例如,位逻辑指令使用位数据,MOVE 指令使用字节、字和双字。在 PLC 编程过程中,应根据不同的功能需求选择合适的数据类型。表 5-3 所示为基本数据类型的属性。

表 5-3　基本数据类型

变量类型	符号	位数	取 值 范 围	常 数 举 例
位	Bool	1	1、0	true、false 或 1、0
字节	Byte	8	16#00~16#FF	16#12、16#AB
字	Word	16	16#0000~16#FFFF	16#ABCD、16#0001
双字	DWord	32	16#00000000~16#FFFFFFFF	16#02468ACE
短整数	SInt	8	−128~127	123、−123
整数	Int	16	−32768~32767	12573、−12573
双整数	DInt	32	−2147483648~2147483647	12357934、−12357934
无符号短整数	USInt	8	0~255	123
无符号整数	UInt	16	0~65535	12321

续表

变量类型	符号	位数	取　值　范　围	常数举例
无符号双整数	UDInt	32	$0\sim4294967295$	1234586
浮点数(实数)	Real	32	$\pm1.175495\times10^{-38}\sim\pm3.402823\times10^{38}$	12.45、-3.4、$-1.2E+12$、$3.4E-3$
长浮点数	LReal	64	$\pm2.2250738585072020\times10^{-308}\sim$ $\pm1.7976931348623157\times10^{308}$	12345.123456789、$-1.2E+40$

1) 位

位数据的数据类型为 Bool(布尔)型,在编程软件中,Bool 变量的值 1 和 0 用英语单词 true(真)和 false(假)表示。位存储单元的地址由字节地址和位地址组成,例如 I3.2 的寻址方式如图 5-12 所示,图中的区域标识符 I 表示输入(input),字节地址为 3,位地址为 2。这种存取方式称为"字节.位"寻址方式。

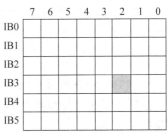

图 5-12　位地址的寻址方式

2) 字节、字、双字

(1) 字节(Byte)由 8 位二进制数组成,例如 I3.0~I3.7 组成了输入字节 IB3,B 是 Byte 的缩写。

(2) 字(Word)由相邻的两个字节组成,由 16 位二进制数组成,例如字 MW100,如图 5-13 所示,由字节 MB100 和 MB101 组成。MW100 中的 M 为区域标识符,W 表示字。

(3) 双字(DWord)由两个字或四个字节组成,由 32 位二进制数组成,例如双字 MD100,如图 5-13 所示,由字节 MB100~MB103 或字 MW100、MW102 组成,D 表示双字。需要注意的是,用组成双字编号最小的字节 MB100 的编号作为双字 MD100 的编号,并且组成双字 MD100 的编号最小的字节 MB100 为 MD100 的最高位字节,编号最大的字节 MB103 为 MD100 的最低位字节。字也有类似的特点。

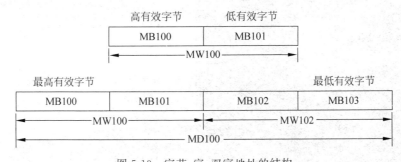

图 5-13　字节、字、双字地址的结构

数据类型 Byte、Word、DWord 之间不能比较大小,它们的常数一般用十六进制数表示。

3) 整数

表 5-3 中一共有 6 种整数,SInt 和 USInt 分别为 8 位的短整数和无符号短整数,Int 和 UInt 分别为 16 位的整数和无符号整数,DInt 和 UDInt 分别为 32 位的双整数和无符号的双整数。所有整数的符号中均有 Int。符号中带 S 的为 8 位短整数,带 D 的为 32 位双整数,不带 S 和 D 的为 16 位整数。带 U 的为无符号整数,不带 U 的为有符号整数。有符号整数

的最高位为符号位,最高位为 0 时为正数,为 1 时为负数。有符号整数用补码表示。

4) 浮点数

32 位的浮点数(real)又称为实数,如图 5-14 所示,最高位(第 31 位)为浮点数的符号位,正数时为 0,负数时为 1。第 23～30 位为指数位,占用 8 位。第 0～22 位为尾数位,占用 23 位。

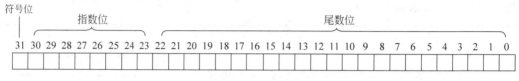

图 5-14　浮点数的结构

浮点数的优点是可以用很小的存储空间(单精度为 4 字节)表示非常大和非常小的数。浮点数的运算速度比整数的运算速度慢一些。在编程软件中,用十进制小数来输入浮点数,例如输入 50.0。

5.2.2　使用博途软件建立一个 S7-1200 PLC 项目

博途提供了两种不同的项目视图:门户视图和项目视图。门户视图如图 5-15 所示。在门户视图里,初学者可以借助面向任务的用户指南,以及最适合其自动化任务的编辑器进行操作。图 5-15 中,①为不同任务的门户;②为所选门户的任务;③为所选操作的选择面板;④为切换到项目视图。

微课:博途
组态 S7-
1200 PLC

微课:S7-1200
入门实例

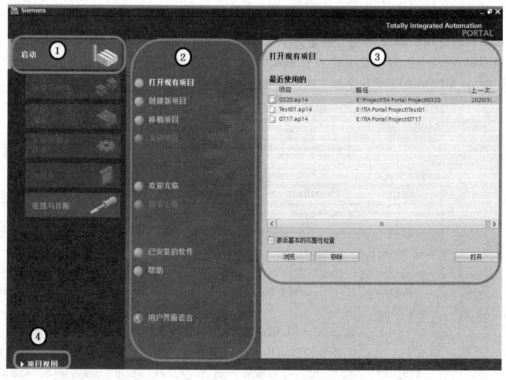

图 5-15　门户视图

以使用项目视图为例，单击图 5-15 视图左下角的"项目视图"，切换到项目视图，如图 5-16 所示。图中标有②的区域为项目树，可以通过它访问所有的设备和项目，添加新的设备，编辑已有的设备，打开处理项目数据的编辑器。标有③的区域是工作区，可以同时打开几个编辑器，图中工作区显示的是硬件与网络编辑器的"设备视图"选项卡，可以组态硬件。选中"网络视图"选项卡，将打开网络视图，可以组态网络。标有④的区域为任务卡，任务卡的功能与编辑器有关，例如从库或硬件目录中选取对象，将预定义的对象拖曳到工作区。标有⑤的区域为巡视窗口，用来显示选中的工作区中的对象的附加信息，还可以用巡视窗口设置对象的属性。图 5-16 中的①为菜单和工具栏，⑥为切换到门户视图，⑦为编辑器栏。

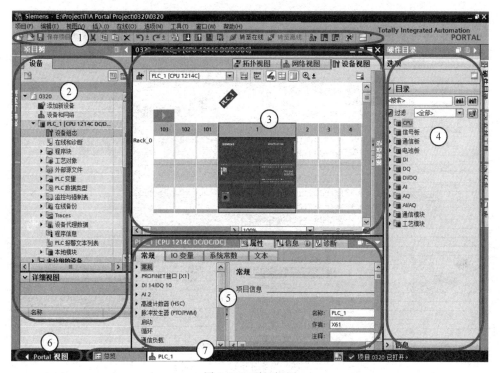

图 5-16　项目视图

1. 新建一个项目

单击项目视图中的"项目"→"新建"命令，在出现的"创建新项目"对话框中可以修改项目的名称。单击"路径"输入框右侧的 [...] 按钮，可以修改保存项目的路径。单击"创建"按钮，开始生成项目，如图 5-17 所示。

2. 添加新设备

双击项目树中的"添加新设备"，出现"添加新设备"对话框，如图 5-18 所示。单击"控制器"按钮，双击要添加的 CPU 的订货号，可以添加一个 PLC。在项目树、设备视图和网络视图中可以看到添加的 CPU。

3. 在设备视图中添加其他模块

在硬件组态时，可根据现场设备进行组态。单击图 5-16 中最右侧④区域中的"硬件目

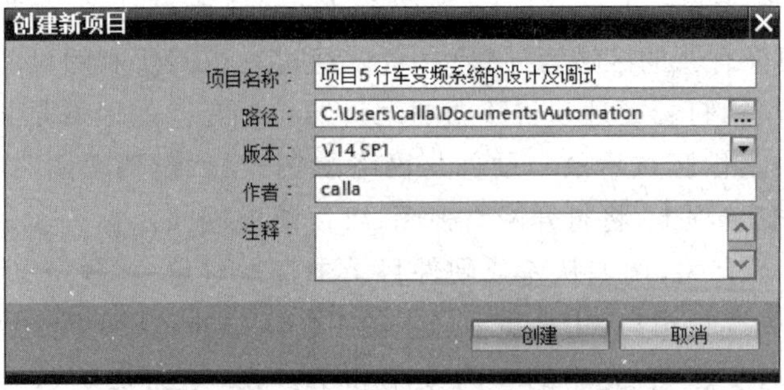

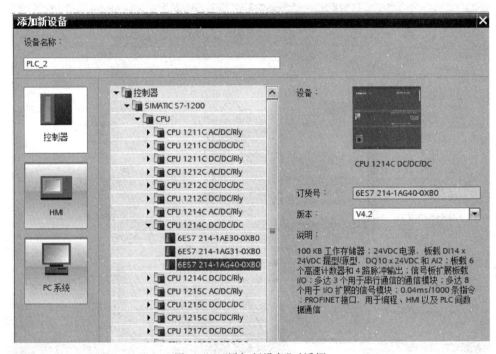

图 5-17 "创建新项目"对话框

图 5-18 "添加新设备"对话框

录"按钮,打开硬件目录窗口。

打开文件夹 AQ\AQ2×14BIT,单击选中订货号为 6ES7232-4HB32-0XB0 的模块,用鼠标左键按住该模块不放,移动鼠标,将选中的模块拖曳到机架中 CPU 右侧的 2 号插槽,该模块浅色的图标和订货号随着光标一起移动。没有移到允许放置该模块的工作区时,光标的形状为禁止。反之,光标的形状变为允许放置,此时松开鼠标左键,拖动的模块将被放置到选中的插槽中,如图 5-19 所示。

放置通信模块和信号板的方法与放置信号模块的方法相同,信号板安装在 CPU 模块内,通信模块安装在 CPU 左侧的 101~103 号槽。

4. 参数设置

单击图 5-20 所示设备视图右侧竖条上向左的小三角按钮◄,从右到左弹出"设备概览"视图,可以用鼠标移动小三角按钮,"设备概览"视图将会向右缩小或向左扩展。在

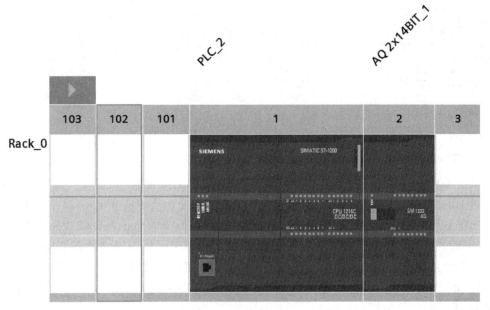

图 5-19　硬件组态界面

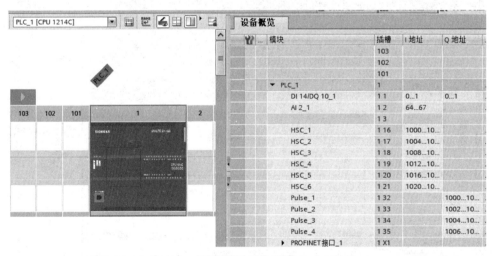

图 5-20　设备视图

"设备概览"视图中,可以看到 CPU 集成的 I/O 点的字节地址。I、Q 地址是自动分配的,可以修改。

5. 定义变量表

打开项目树文件夹"PLC 变量",双击其中的"默认变量表"打开变量编辑器。选项卡"变量"用来定义 PLC 的变量,在"变量"选项卡最下面的空白行的"名称"列输入变量的名称,单击"数据类型"可以设置变量的数据类型,在"地址"列可输入变量的绝对地址,符号%是自动添加的,如图 5-21 所示。

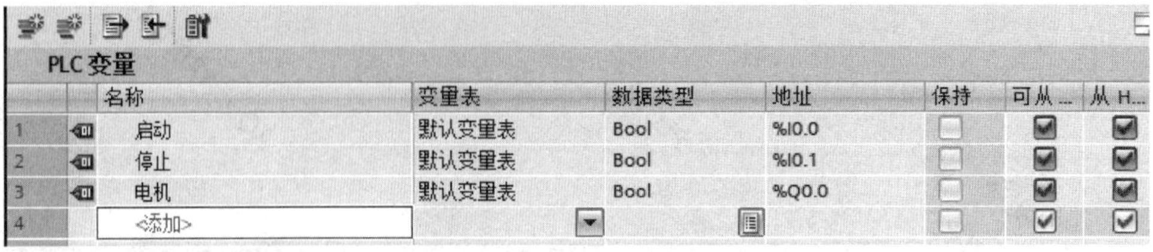

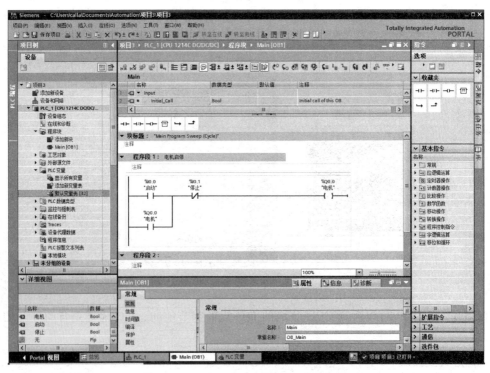

图 5-21　定义变量表界面

6. 打开程序编辑器

双击项目树的文件夹"\PLC_1\程序块"中的 OB1,打开主程序,如图 5-22 所示。选中项目树中的"默认变量表"后,左下角的详细视图显示该变量表中的变量,可以将其中的变量直接拖曳到梯形图中使用。拖曳到已设置的地址上时,原来的地址将会被替换。中间是程序区,下面的区域是打开的程序块的巡视窗口,右上角区域是指令的收藏夹 Favorites,用于快速访问常用的指令。单击程序编辑器工具栏上的按钮,可以在程序区的上面显示收藏夹。可以将指令列表中常用的指令拖曳到收藏夹,也可以使用右键快捷菜单中的命令删除收藏夹中的指令。

图 5-22　主程序

程序编写过程如下:选中程序段 1 中的水平线,依次单击图中收藏夹里的 ⊣⊢ ⊣⧸⊢ ⊣⟩⊢ 按钮,水平线上出现从左向右串联的常开触点、常闭触点和线圈,元件上面红色的地址域＜??.? ＞用来输入元件的地址。选中最左侧的垂直"电源线",依次单击收藏夹中的 ↳ ⊣⊢ ↱ 按钮,生成一个与上面的常开触点并联的 Q0.0 的常开触点。其他指令可在右侧基本指令文件夹中找到。

微课:博途组态
S7-1200 PLC
测试调试

5.2.3 项目编译、下载及测试

1. 组态 CPU 的 PROFINET 接口

通过 CPU 与运行 STEP 7 的计算机之间进行以太网通信,可以执行项目的下载、上传、监控和故障诊断等任务。一对一的通信不需要交换机,两台以上的设备通信则需要交换机。CPU 可以使用直通的或交叉的以太网电缆进行通信。

双击项目树中 PLC 文件夹内的"设备组态",打开该 PLC 的设备视图。双击 CPU 的以太网接口,打开该接口的属性窗口,选中左边的"以太网地址",采用右边窗口默认的 IP 地址和子网掩码,如图 5-23 所示。设置的地址在下载后才起作用。

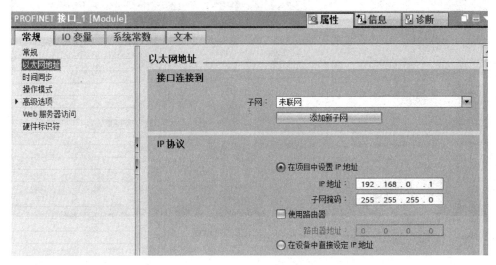

图 5-23 配置以太网地址

2. 设置计算机网卡的 IP 地址

如果 PC 机和 PLC 要进行以太网通信,必须保证 PC 机网卡的 IP 地址和 PLC 设置的 IP 地址不同,但在同一个网段内。具体步骤可参考 4.2.1 小节。

3. 下载项目到 CPU

做好上面的准备工作并接通 PLC 的电源。选中项目树中的 PLC_1,单击工具栏上的下载按钮 ,出现"扩展的下载到设备"对话框,如图 5-24 所示。用"PG/PC 接口"下拉式列表选择实际使用的网卡。单击"开始搜索"按钮,经过一段时间,在"选择目标设备"列表中,出现网络上的 S7-1200CPU 和它的 IP 地址。同时计算机与 PLC 之间的连线由断开变为接通。CPU 所在方框的背景色变为实心的橙色,表示 CPU 进入在线状态。

如果网络上有多个 CPU,为了确认设备列表中的 CPU 对应的硬件,选中列表中的某个 CPU,勾选左边的 CPU 图标下面的"闪烁 LED"复选框,对应的 CPU 的 LED 将会闪烁。

单击"下载"按钮,PLC 进行编译。编译完成后,弹出"装载到设备前的软件同步"对话框(在博途新建项目并首次下载时会出现该对话框。如果不出现该对话框,则直接弹出"下载预览"对话框),选择"在不同步的情况下继续"按钮,如图 5-25 所示。

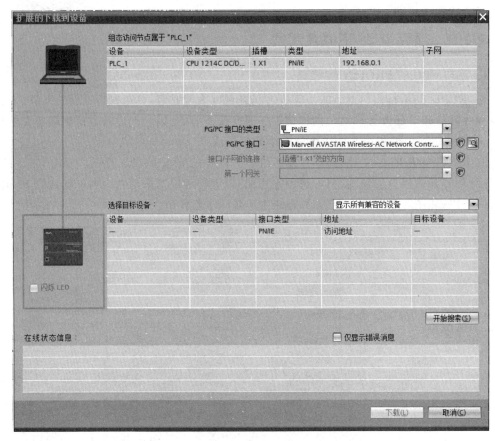

图 5-24　PLC 下载界面

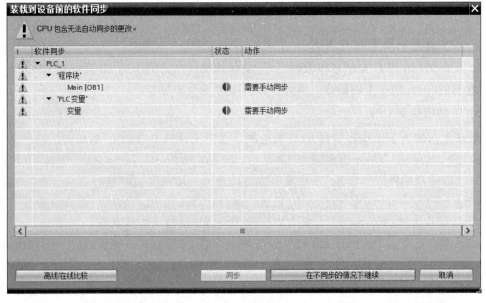

图 5-25　"装载到设备前的软件同步"对话框

在"下载预览"对话框中,如图 5-26 所示,通过下拉列表将"无动作"项改为"全部停止",然后单击"装载"按钮。

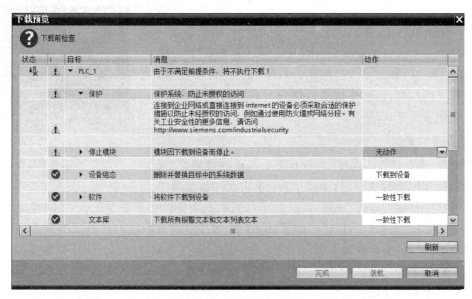

图 5-26　"下载预览"对话框

下载结束后,出现"下载结果"对话框,如图 5-27 所示。勾选"全部启动"复选框,单击"完成"按钮,PLC 切换到 RUN 模式,RUN/STOP LED 灯变成绿色。

图 5-27　"下载结果"对话框

4. 启动仿真和下载程序

选中项目树中的 PLC_1,单击工具栏上的"开始仿真"按钮,S7-PLCSIM 被启动,出现"在线与诊断功能"对话框,显示"启动仿真将禁用所有其他的在线接口"。勾选"不要再显示此消息"复选框,以后启动仿真时则不会再显示该对话框。单击"确定"按钮,出现 S7-PLCSIM 的仿真器视图,如图 5-28 所示。

打开仿真软件后,弹出如图 5-29 所示的"扩展的下载到设备"对话框,系统自动设置了"PG/PC 接口的类型"PN/IE 和"PG/PC 接口"单击"下载"按钮进行下载。但需要注意,如果打开了仿真器,软硬件信息会优先下载到仿真器中,而不会下载到实物 PLC 中。

图 5-28　S7-PLCSIM 的
仿真器视图

5. 程序的调试

与 PLC 建立好在线连接后,打开需要监视的代码块,可以在线监控程序运行状态,具体操作为:单击程序编辑器工具栏上的"启用/禁用监视"按钮,启动程序状态监视功能。如果在线 PLC 中的程序与离线计算机中的程序不一致,项目树中的项目、站点、程序块和有问题的代码块的右边均会出现表示故障的符号。需要重新下载有问题的块,使在线、离线的块一致。上述对象右边均出现绿色的表示正常的符号后,才能启动程序状态监视功能。进入在线模式后,程序编辑器最上面的标题栏变为橘红色。

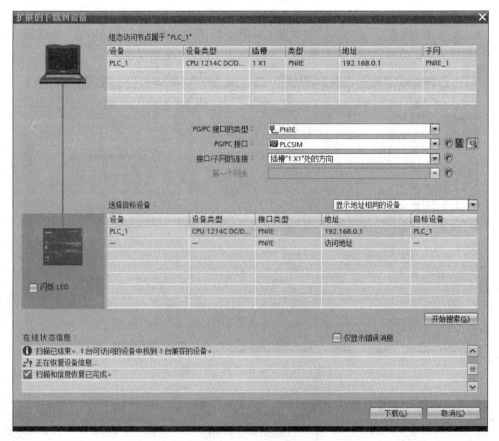

图 5-29　"扩展的下载到设备"对话框

启动程序状态监视后,如图 5-30 所示,梯形图用绿色连续线来表示状态 TRUE,即有"能流"流过,用蓝色虚线表示状态 FALSE,即没有"能流"流过,用灰色连续线表示状态未知或程序没有执行,黑色表示没有连接。

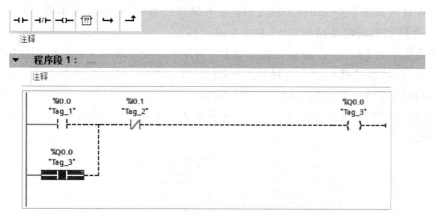

图 5-30　程序监控图

在程序编辑器中可以形象直观地监视梯形图程序的执行情况,触点和线圈的状态一目了然。但是程序状态监视功能只能在屏幕上显示一小块程序,调试较大的程序时,往往不能同时看到与某程序功能有关的全部变量的状态。

监控表可以有效地解决上述问题。使用监控表可以在工作区同时监视和修改用户感兴趣的全部变量。一个项目可以生成多个监控表,以满足不同的调试要求。

任务 5.3　S7-1200 PLC I/O 控制行车变频系统设计及调试

本任务采用 S7-1200 PLC I/O 接口的方式控制 G120 变频器,主要内容包括行车变频系统的电气接线设计、PLC 程序编制、变频器参数设置及系统调试。

5.3.1　PLC I/O 控制变频器概述

变频器都提供有 I/O 接口,任务 2.2 设计的行车变频系统,其监控信号是通过直接连接 G120 变频器的 I/O 接口实现监控的,任务 3.3 介绍了采用 I/O 接口对行车变频系统的 G120 变频器进行参数设置的方法。这种方法对变频器的 DI/DO 数量有较高要求,例如 CU240E-2 PN 控制单元自带 6 路数字量输入,加上模拟量输入的两个通道可以作为数字量使用,一共可用 8 路数字量输入,因此系统将使能、反转、故障复位各 1 路及多段速控制 5 路,共计 8 路数字量输入信号连入控制单元的输入端口,限位开关等其他信号就没法再连进去了。CU240E-2 PN 的数字量输出有 3 路,系统选择了变频器运行状态、故障及抱闸信号输出,其他如报警信号就没有输出端口可用了。而且采用变频器参数设置的方法实现复杂控制功能比较困难,因此对于实现更复杂的变频控制系统需要改进控制方法。

采用 PLC 控制变频器可以很好解决这个问题。PLC 接收现场输入/输出信号的数量可以根据需要很方便地扩展,并且实现变频控制功能的编程和调试非常方便。采用 PLC 控制变频器的方案在变频控制领域获得了广泛应用。

变频器除了提供有 I/O 接口,还带有现场总线接口,如 CU240E-2 DP 带有 PROFIBUS-DP 接口,CU240E-2 PN 带有 PROFINET 接口。在 PLC 与变频器之间可采用 I/O 控制方式,也可以采用现场总线控制。前者不涉及通信,硬件配置及连线成本较高,但技术上不需要掌握设备联网及通信的知识,比较简单;后者硬件配置简单,连线成本低,但需要熟练掌握 PLC 与变频器的通信及网络知识,技术要求较高。

本任务所述的 PLC I/O 控制变频器,PLC 采用的是 S7-1200,CPU 模块为 CPU1214C DC/DC/DC,变频器采用 G120,控制单元为 CU240E-2 PN。控制方法为:S7-1200 PLC 通过 I/O 接口对 G120 变频器的 I/O 接口进行控制和监视,以实现行车变频系统的智能控制。

CU240E-2 PN 控制单元的 I/O 接口端子在表 2-2 中进行了介绍,其实物接线图如图 5-31 所示。

31	+24 IN	
32	GND IN	
34	DI COM2	
10	AI1+	Analog In/Out
11	AI1–	
26	AO1+	
27	GND	

	DO0 NC	18
Digital Out	DO0 NO	19
	DO0 COM	20
	DO2 NC	23
	DO2 NO	24
	DO2 COM	25

1	+10V OUT	
2	GND	
3	AI 0+	Analog In/Out
4	AI 0–	
12	AO 0+	
13	GND	
21	DO1 POS	Digital Out
22	DO1 NEG	
14	T1 MOTOR	
15	T2 MOTOR	
9	+24V OUT	
28	GND	
69	DI COM1	
5	DI0	
6	DI1	
7	DI2	Digital In
8	DI3	
16	DI4	
17	DI5	

图 5-31　CU240E-2 PN 控制单元的实物接线端子图

微课:PLC IO
控制 G120
变频器设计

5.3.2　PLC I/O 控制变频器的电气连接

PLC 通过数字量输入(DI)、数字量输出(DO)、模拟量输入(AI)、模拟量输出(AO)四类信号来监控变频器。

1. PLC 数字量输出控制变频器使能、正反转及故障复位

CPU1214C DC/DC/DC 数字量输出 DQa 通道的 .0、.1、.2 端子分别连接中间继电器线圈 KA_E、KA_N、KA_R,中间继电器常开触点分别连接 CU240E-2 PN 的 5、6、7 端子,对应 G120 变频器的使能、正反转及故障复位控制,如图 5-32 所示。

2. PLC 模拟量输出设置给定速度

SM1232 的模拟量输出(以 0~10V 为例)AQ 第 0 通道的 0M、0 端子分别连接 CU240E-2 PN 的 4、3 端子,对应 G120 变频器的给定速度设置,如图 5-33 所示。

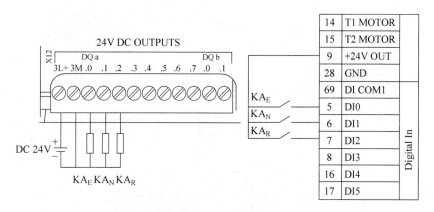

图 5-32　PLC 数字量输出控制变频器使能、正反转及故障复位接线图

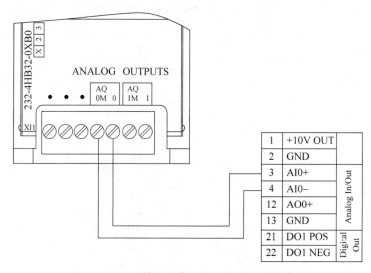

图 5-33　PLC 模拟量输出设置给定速度接线图

3. PLC 数字量输入接收变频器运行、故障、抱闸信号

CPU1214C DC/DC/DC 数字量输入 DIa 通道的.0、.1 端子分别连接 CU240E-2 PN 的 DO0(端子 19、20,为常开接点)、DO2(端子 24、25,为常开接点),对应变频器运行状态和故障信号,.2 端子连接中间继电器 KA 的常开触点,KA 的线圈连接变频器的 DO1(端子 21、22,为晶体管输出),对应变频器的抱闸信号,如图 5-34 所示。

4. PLC 模拟量输入接收变频器运行速度反馈信号

CPU1214C DC/DC/DC 自带的模拟量输入第一通道的 0、2M 端子分别连接 CU240E-2 PN 的 12、13 端子(以 0~10V 为例),对应 G120 变频器的运行速度反馈信号,如图 5-35 所示。

5.3.3　PLC I/O 控制行车变频系统的电气连接

行车变频系统的 I/O 信号参见表 2-1 中的描述,将系统启停、凸轮控制器、故障复位、上

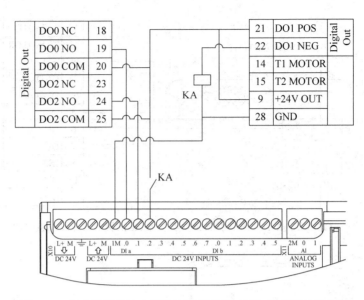

图 5-34 PLC 数字量输入接收变频器运行、故障、抱闸信号接线图

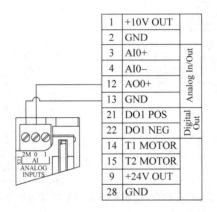

图 5-35 PLC 模拟量输入接收变频器运行速度反馈信号接线图

限位开关、下限位开关信号直接与 S7-1200 PLC 相连。其 CPU 模块 CPU1214C DC/DC/DC 集成的 DI 地址为 0 和 1,DO 地址为 0 和 1,AI 地址为 2～5,扩展模拟量输出模块 SM1232 的 AO 地址为 2～5。S7-1200 PLC 对行车变频系统通过 I/O 接口进行控制的电气接线如图 5-36 所示,图中 PLC 的 DO 口(地址 Q0.0～Q0.2)与变频器 DI 口(DI0～DI2)的接线见图 5-32,PLC 的 DI 口(地址 I0.0～I0.2)与变频器 DO 口(DO0～DO2)的接线见图 5-34,PLC 的 AO 口(地址 QW2)与变频器 AI 口(AI0)的接线见图 5-33、PLC 的 AI 口(地址 IW2)与变频器 AO 口(AO0)的接线见图 5-35。为方便行车驾驶员操作,设置了 3 个指示灯和 1 个电压表(0～10V):Q0.3 为变频器运行状态输出,外接 H_1 指示灯,Q0.4 为故障输出,外接 H_2 指示灯,Q0.5 为反转输出,外接 H_3 指示灯,QW4 为运行速度反馈,外接 M_V 电压表。Q0.6 为抱闸控制输出,外接中间继电器 KA 线圈,KA 的常开触点连接升降电机的电磁抱闸线圈。

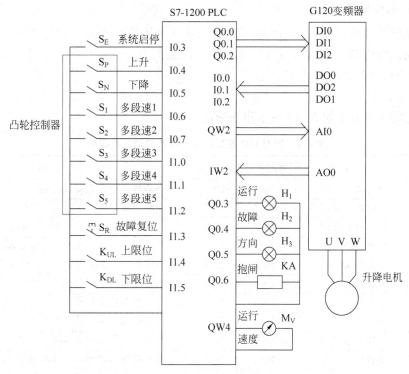

图 5-36 PLC I/O 控制行车变频系统的电气接线图

5.3.4 系统软件设计及调试

PLC 具有强大的编程能力,变频器也提供了丰富的参数设置功能。本任务采用 I/O 方式实现 PLC 对行车变频系统的监控,其软件设计包括 G120 变频器的参数设置和 S7-1200 PLC 程序设计两个方面。

1. G120 变频器参数设置

P0010=1(允许修改宏指令)

P0015=12(设置宏指令 12,采用端子启动模拟量调速)

P0010=0(禁止修改宏指令)

P0840=r0722.0(DI0 启动、停止变频器)

P1113=r0722.1(DI1 控制变频器正反转)

P2103=r0722.2(DI2 控制变频器故障复位)

P1070=r0755[0](AI0 设置变频器主给定速度)

P730=r0052.1(DO0 输出变频器运行状态)

P731=R899.12(DO1 输出抱闸打开信号)

P732=r0052.3(DO2 输出变频器故障状态)

P0771[0]=r0025(AO0 输出变频器的实际电压)

2. 监控软件设计

在博途软件中组态 S7-1200 PLC,硬件组态主要包括 CPU 模块 CPU1214C DC/DC/DC 及模拟量输出模块 SM1232,可参考任务 5.2 中的相关内容进行组态。这里主要介绍变量定义、程序编写及系统调试。

1) 变量定义

在博途的变量表中如表 5-4 所示建立变量。

表 5-4 PLC I/O 控制行车变频系统输入变量表

序号	变量名称	数据类型	地址	说明
1	运行状态反馈	bool	I0.0	变频器运行状态反馈(DO0)
2	故障状态反馈	bool	I0.1	变频器故障信号反馈(DO2)
3	抱闸打开反馈	bool	I0.2	变频器抱闸打开信号反馈(DO1)
4	系统启停开关	bool	I0.3	系统启动停止开关 S_E,旋钮方式
5	上升开关	bool	I0.4	凸轮控制器上升开关 S_P,升降小车上升
6	下降开关	bool	I0.5	凸轮控制器下降开关 S_N,升降小车下降
7	多段速1开关	bool	I0.6	凸轮控制器多段速1选择开关 S_1
8	多段速2开关	bool	I0.7	凸轮控制器多段速2选择开关 S_2
9	多段速3开关	bool	I1.0	凸轮控制器多段速3选择开关 S_3
10	多段速4开关	bool	I1.1	凸轮控制器多段速4选择开关 S_4
11	多段速5开关	bool	I1.2	凸轮控制器多段速5选择开关 S_5
12	故障复位开关	bool	I1.3	变频器故障复位开关 S_R,点动方式
13	上限位开关	bool	I1.4	升降电机上限位开关 K_{UL}
14	下限位开关	bool	I1.5	升降电机下限位开关 K_{DL}
15	运行速度反馈	int	IW2	变频器运行速度反馈(AO0)
16	使能控制	bool	Q0.0	变频器使能控制(DI0)
17	正反转控制	bool	Q0.1	变频器正反转控制(DI1)
18	故障复位控制	bool	Q0.2	变频器故障复位控制(DI2)
19	运行输出	bool	Q0.3	变频器运行状态输出,连接指示灯 H_1
20	故障输出	bool	Q0.4	变频器故障信号输出,连接指示灯 H_2
21	方向输出	bool	Q0.5	变频器反转信号输出,连接指示灯 H_3
22	抱闸输出	bool	Q0.6	抱闸控制输出,连接中间继电器 KA 线圈
23	给定速度控制	int	QW2	变频器给定速度(AI0)
24	运行速度输出	int	QW4	运行速度反馈输出,连接电压表 M_V 显示
25	抱闸临时	bool	M2.0	抱闸控制的中间值
26	临时速度1	int	MW20	速度转换的中间值1
27	临时速度2	real	MD22	速度转换的中间值2

2) 程序编写

本程序采用简单结构方式,所有程序放在主程序 OB1 中。项目 6 将介绍函数、函数块、数据块等结构化编程的方法。

系统使能、正反转及故障复位的程序如图 5-37 所示。其中,M1.2 为系统存储位。

开关 S_1～S_5 对应的多段速速度分别为 200r/min、500r/min、800r/min、1100r/min、

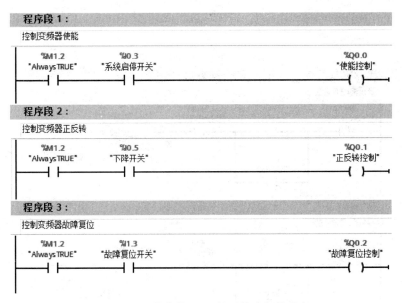

图 5-37　系统使能、正反转及故障复位程序

1400r/min，程序如图 5-38 所示。

当凸轮控制器处于 0 位，即上升开关 S_P 和下降开关 S_N 均打开时，或上升开关 S_P 和上限位开关 K_{UL} 均闭合时，或下降开关 S_N 和下限位开关 K_{DL} 均闭合时，多段速速度设置为 0，程序如图 5-39 所示。

将得到的多段速速度值（记为 N，单位 r/min）经过转换送给变频器作为给定速度（记为 M，有符号十六位整数）。100% 的速度值对应有符号十六位整数 16384（即十六进制数 4000H）。在变频器参数 P2000 中可以设置 100% 的速度对应的参考速度，例如 1400r/min。M 与 N 之间的关系如式(5-1)。

$$M = N \times 16384 / P2000 \tag{5-1}$$

为了方便设置给定速度，采用博途的标准化指令 NORM_X 和缩放指令 SCALE_X 对速度值（r/min）进行转换，程序如图 5-40 所示。

将多段速速度值与 56（2Hz 对应的速度值）进行比较，若 ≥56，则抱闸输出为高电平，否则为低电平。程序如图 5-41 所示。I0.2 为变频器生成的抱闸打开信号，在变频器正常运行时为高电平。

输出变频器的运行状态、故障信号、反转信号、运行速度四个信号，如图 5-42 所示。前三个信号 Q0.3、Q0.4、Q0.5 连接指示灯显示，第四个信号 QW4 连接电压表指示，以方便行车驾驶员现场监视。

变频器反馈的运行速度为有符号十六位整数（记为 M）要经过标准化，生成单位为 r/min 的运行速度值（记为 N）。N 与 M 之间的关系如式(5-2)。

$$N = M \times P2000 / 16384 \tag{5-2}$$

图 5-42 中，MW26（即 N）为转换生成的变频器的运行速度值（单位为 r/min），该数值可直接供人机界面读取并显示。

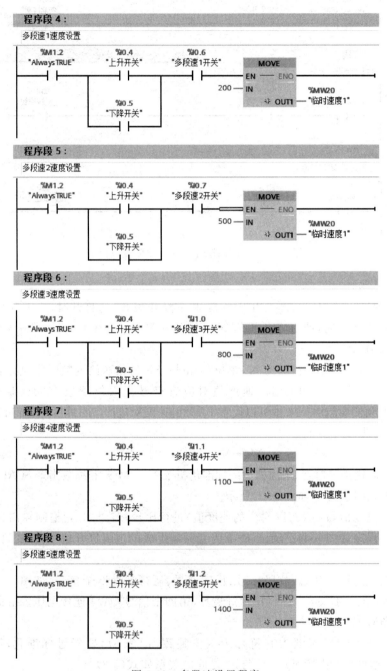

图 5-38 多段速设置程序

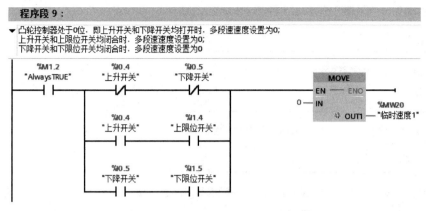

图 5-39　设置多段速速度为 0 的程序

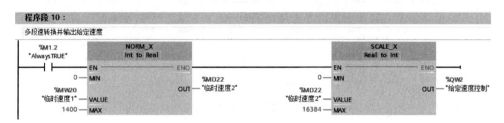

图 5-40　系统使能、正反转及故障复位程序

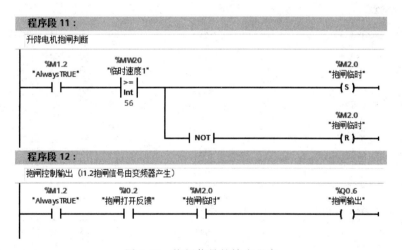

图 5-41　抱闸信号的输出程序

3．系统调试

在进行系统调试前先按图 5-36 所示检查 S7-1200 PLC 与 G120 变频器的电气接线，保证连线正确。检查 G120 变频器参数设置正确，且在手动模式下运行正常。检查 PLC 程序编辑正确，且编译、下载无错误。

在博途中对 PLC 的程序进行调试，可采用图 5-29 所示在线监视的方式，检查各项功能是否正确，也可结合图 5-30 所示的监控表进行测试调试。除此之外，还可以采用变量表在线监控的方法实时监视 PLC 中变量的值，如图 5-43 所示。

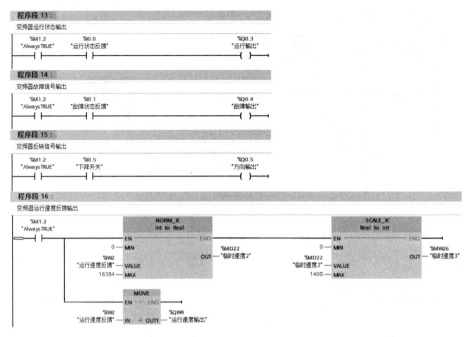

图 5-42　系统运行状态、故障、方向及运行速度反馈输出程序

默认变量表

		名称	数据类型	地址 ▲	保持	可从 ...	从 H...	在 H...	监视值
1		运行状态反馈	Bool	%I0.0		☑	☑	☑	TRUE
2		故障状态反馈	Bool	%I0.1		☑	☑	☑	FALSE
3		抱闸打开反馈	Bool	%I0.2		☑	☑	☑	TRUE
4		系统启停开关	Bool	%I0.3		☑	☑	☑	TRUE
5		上升开关	Bool	%I0.4		☑	☑	☑	TRUE
6		下降开关	Bool	%I0.5		☑	☑	☑	FALSE
7		多段速1开关	Bool	%I0.6		☑	☑	☑	FALSE
8		多段速2开关	Bool	%I0.7		☑	☑	☑	TRUE
9		多段速3开关	Bool	%I1.0		☑	☑	☑	FALSE
10		多段速4开关	Bool	%I1.1		☑	☑	☑	FALSE
11		多段速5开关	Bool	%I1.2		☑	☑	☑	FALSE
12		故障复位开关	Bool	%I1.3		☑	☑	☑	FALSE
13		上限位开关	Bool	%I1.4		☑	☑	☑	FALSE
14		下限位开关	Bool	%I1.5		☑	☑	☑	FALSE
15		运行速度反馈	Int	%IW2		☑	☑	☑	5851
16		使能控制	Bool	%Q0.0		☑	☑	☑	TRUE
17		正反转控制	Bool	%Q0.1		☑	☑	☑	FALSE
18		故障复位控制	Bool	%Q0.2		☑	☑	☑	FALSE
19		运行输出	Bool	%Q0.3		☑	☑	☑	TRUE
20		故障输出	Bool	%Q0.4		☑	☑	☑	FALSE
21		方向输出	Bool	%Q0.5		☑	☑	☑	FALSE
22		抱闸输出	Bool	%Q0.6		☑	☑	☑	TRUE
23		给定速度控制	Int	%QW2		☑	☑	☑	5851
24		运行速度输出	Int	%QW4		☑	☑	☑	5851
25		System_Byte	Byte	%MB1		☑	☑	☑	16#04
26		FirstScan	Bool	%M1.0		☑	☑	☑	FALSE
27		DiagStatusUpdate	Bool	%M1.1		☑	☑	☑	FALSE
28		AlwaysTRUE	Bool	%M1.2		☑	☑	☑	TRUE
29		AlwaysFALSE	Bool	%M1.3		☑	☑	☑	FALSE
30		抱闸临时	Bool	%M2.0		☑	☑	☑	TRUE
31		临时速度1	Int	%MW20		☑	☑	☑	500
32		临时速度2	Real	%MD22		☑	☑	☑	0.3571167
33		临时速度3	Int	%MW26		☑	☑	☑	500

图 5-43　在线实时监视调试示例

系统功能调试的主要步骤如下。

(1) 使能、反转、故障输入信号测试调试。

旋钮开关 S_E(I0.3=TRUE)闭合时,Q0.0=TRUE(变频器使能控制有效),变频器的DI0 从低电平变为高电平,变频器启动(正转)。

凸轮控制器下降开关 S_N(I0.5=TRUE)闭合时,Q0.1=TRUE(变频器反转控制有效),变频器的 DI1 变为高电平,变频器变为反转。

当变频器出现故障时,按下开关 S_R(I1.3)输入高电平,Q0.2(变频器故障复位控制)对应输出高电平,变频器执行故障复位操作。

(2) 凸轮控制器速度调节及抱闸信号输出测试调试。

凸轮控制器开关 S_1 接通(I0.6=TRUE)且 S_P(I0.4=TRUE)接通时,变频器输出QW2=2341(对应转速 200r/min),I0.2=TRUE(变频器抱闸打开信号反馈),抱闸控制输出 Q0.6=TRUE(KA 线圈接通)。

凸轮控制器开关 S_2 接通(I0.7=TRUE)且 S_P(I0.4=TRUE)接通时,变频器输出QW2=5851(对应转速 500r/min),I0.2=TRUE(变频器抱闸打开信号反馈),抱闸控制输出 Q0.6=TRUE(KA 线圈接通)。

凸轮控制器开关 S_3 接通(I1.0=TRUE)且 S_P(I0.4=TRUE)接通时,变频器输出QW2=9362(对应转速 800r/min),I0.2=TRUE(变频器抱闸打开信号反馈),抱闸控制输出 Q0.6=TRUE(KA 线圈接通)。

凸轮控制器开关 S_4 接通(I1.1=TRUE)且 S_P(I0.4=TRUE)接通时,变频器输出QW2=12873(对应转速 1100r/min),I0.2=TRUE(变频器抱闸打开信号反馈),抱闸控制输出 Q0.6=TRUE(KA 线圈接通)。

凸轮控制器开关 S_5 接通(I1.2=TRUE)且 S_P(I0.4=TRUE)接通时,变频器输出QW2=16384(对应转速 1400r/min),I0.2=TRUE(变频器抱闸打开信号反馈),抱闸控制输出 Q0.6=TRUE(KA 线圈接通)。

凸轮控制器开关 S_1、S_2、S_3、S_4、S_5 分别接通且 S_N(I0.5=TRUE)接通时,变频器输出QW2 的值同上,Q0.1=TRUE(变频器反转控制),I0.2=TRUE(变频器抱闸打开信号反馈),Q0.5=TRUE(变频器反转信号输出,指示灯 H_3 点亮),抱闸控制输出 Q0.6=TRUE(KA 线圈接通)。

(3) 运行、故障、反转输出信号测试调试。

变频器运行时,I0.0=TRUE,这时 Q0.3=TRUE(变频器运行状态输出),运行指示灯 H_1 点亮。

变频器出现故障时,I0.1=TRUE,这时 Q0.4=TRUE(变频器故障信号输出),故障指示灯 H_2 点亮。

凸轮控制器下降开关 S_N(I0.5=TRUE)接通时变频器反转,这时 Q0.5=TRUE(变频器反转信号输出),故障指示灯 H_3 点亮。

(4) 运行速度测试。

观测变频器 BOP-2 操作面板上显示的转速,在线观测 IW2(变频器运行速度反馈)及QW4(运行速度反馈输出)中的数值。以电机转速为 1400r/min 为例,对应 IW2 的数值为16384,电压表 M_V 显示 10V。

（5）其他功能测试。

凸轮控制器处于 0 位，即上升开关 S_P 打开和下降开关 S_N 均打开($I0.4$＝FALSE、$I0.5$＝FALSE)时，或上限位开关 K_{UL} 和上升开关 S_P 均闭合($I1.4$＝TRUE、$I0.4$＝TRUE)时，或下限位开关 K_{DL} 和下降开关 S_N 均闭合($I1.5$＝TRUE、$I0.5$＝TRUE)时，变频器输出均有 QW2＝0。这时抱闸控制输出 Q0.6＝FALSE(KA 线圈断开)，升降电机的电磁抱闸线圈失电，电机执行抱闸操作。

项 目 报 告

1．实训项目名称

S7-1200 PLC 通过 I/O 接口控制行车变频系统的设计及调试。

2．实训目的

（1）掌握 G120 变频器 I/O 接口电路的基础知识及与 S7-1200 PLC 基于 I/O 控制的电气连线。

（2）掌握 S7-1200 PLC 通过 I/O 接口控制 G120 变频器的变频器侧参数设置。

（3）掌握采用 I/O 接口方式控制行车变频系统的设计、编程及调试。

3．任务与要求

（1）理解并掌握 G120 变频器 I/O 接口电路的基础知识，能绘制 S7-1200 PLC 与 G120 变频器的 I/O 控制电气接线图。

（2）熟练掌握 S7-1200 PLC 通过 I/O 接口控制 G120 变频器的变频器侧参数设置的方法。

（3）在博途中编程，实现行车变频控制功能，主要包括以下几点。

① 设计并定义系统变量。

② 编程实现 PLC 控制变频器的功能：变频器远程启停、正反转及故障复位控制，将多段速 1～5 的速度设置为给定速度，设计电机抱闸输出。

③ 编程实现 PLC 读取变频器反馈信号的功能：采集变频器的运行、故障、报警、反转状态反馈及运行速度反馈值。

④ 系统的调试。

4．实训设备

本实训项目用到的硬件：G120 变频器、S7-1200 PLC、PC、电机等。

本实训项目用到的软件：博途、Starter 等软件。

5．操作调试

（1）在博途软件中对 S7-1200 PLC 进行硬件组态。

（2）在 Starter 软件中设置变频器参数，实现 S7-1200 PLC 通过 I/O 接口控制 G120 变频器的功能。

（3）行车变频系统变量的定义。

（4）实现 PLC 控制变频器功能的编程。

（5）实现 PLC 读取变频器反馈信号功能的编程。

（6）系统运行及在线联试。

6. 实训结论

（1）总结 S7-1200 PLC 通过 I/O 接口控制行车变频系统的设计、编程、组态的操作步骤及调试结论。

（2）写出完成本实训项目的体会、收获及改进建议。

7. 项目拓展

试阐述采用 I/O 接口方式控制行车变频系统的好处及应掌握的知识点和技能点。

S7-1200 PLC PN控制行车变频系统的设计及调试

目标要求

知识目标:

(1) 掌握工业以太网及PN通信基本概念。

(2) 掌握变频器的控制字及状态字。

(3) 掌握S7-1200 PLC读写G120变频器参数的方法。

(4) 理解PN控制行车变频系统的网络架构及电气连接知识。

(5) 掌握S7-1200 PLC与G120变频器PN通信的相关知识及编程技术。

能力目标:

(1) 能够在博途中组态G120变频器并进行测试。

(2) 能够建立S7-1200 PLC与G120变频器的通信。

(3) 能够通过S7-1200 PLC读写G120变频器参数。

(4) 能够设计PLC通过PN控制G120变频器的电气接线图。

(5) 能够对PLC发送控制信号给G120变频器进行编程及调试。

(6) 能够对PLC读取G120变频器反馈信号进行编程及调试。

素质目标:

(1) 培养对行车变频系统项目设计及调试的职业素质和能力。

(2) 培养项目实施中的资料收集、独立思考、项目计划、分析总结等能力。

(3) 树立安全意识,严格遵守电气安全操作规程。

(4) 爱护变频器、PLC、PC等仪器设备,自觉做好维护和保养工作。

(5) 培养团队交流沟通和友好协作精神。

任务 6.1　PROFINET 通信概述及控制字、状态字

工业网络和信息技术发展迅速,工业以太网技术正在逐步取代传统的现场总线,成为工业网络控制的主流。PROFINET(简称 PN)是西门子自动化产品普遍支持的工业以太网标准协议,目前在西门子全集成自动化领域获得了广泛应用。

6.1.1　工业以太网及 PROFINET 通信简介

西门子 G120 变频器的 CU240E-2 PN 控制单元提供两个 PN 口,支持工业以太网和 PROFINET 通信协议。下面对工业以太网和 PROFINET 通信技术进行简要的介绍。

微课:
PROFINET
通信原理

1. 工业以太网技术

工业以太网是一种应用于工业领域网络控制的数据传输标准,在技术上与以太网(即商用以太网)一样,都遵循 IEEE 802.3 标准。传统的以太网没有考虑工业现场环境的适应性需要,如工业现场的机械振动、温湿度、电磁干扰、金属尘埃等恶劣条件情况。工业以太网必须考虑满足工业现场设备的稳定、可靠运行要求,在元器件的选用、产品的强度、适用性以及实时性、可互操作性、抗干扰性、本质安全性等方面要能满足工业现场的要求,同时必须具有很高的网络安全性和可操作性,以满足生产现场自动控制、智能控制的要求。

微课:S7-1200
的以太网
通信概述

工业以太网通常采用 TCP/IP。TCP/IP(transmission control protocol/Internet protocol,传输控制协议/网间协议)由底层的 IP 和 TCP 组成,定义在网络层、传输层以及应用层。在应用层,用户通过 FTP、SMTP 等协议实现文件传输、邮件发送以及远程登录等应用,通过 TCP 来保证数据的正确传输,由 IP 负责将 TCP 组织的数据通过 IP 地址路由的方式传送到目的地。TCP/IP 一般通过域名地址、IP 地址、物理网络地址三种地址实现数据通信。

2. PROFINET 通信技术

PROFINET 是由 PROFIBUS International(PI)组织于 2000 年 8 月提出的基于工业以太网技术的新一代自动化总线标准,符合 TCP/IP 以及 IT 标准。

PROFINET 为自动化通信领域提供了一个完整的网络解决方案。其功能涉及实时通信、分布式现场设备、运动控制、分布式自动化、网络安装、IT 标准和信息安全、故障安全、过程自动化 8 个方面,这些功能几乎涵盖了过程控制、智能控制、运动控制、信息技术、检测技术、诊断技术等各个方面。

PROFINET 符合 IEEE 802.3 和 IEEE 802.11 标准,采用 10Mbit/s、100Mbit/s、1Gbit/s 快速以太网技术。

3. G120 变频器的通信报文

SIMATIC G120 变频器与主机(PC、PLC 等)通过过程值 PZD 通道通信,使用该通道可以控制变频器的启停、正反转、速度给定、运行状态反馈、速度反馈等功能。PZD 通道的数据长度由主机组态的报文类型决定。G120 变频器支持多种报文类型,包含标准报文 1、2、3、4、7、9、20,各报文的数据长度是不一样的,如图 6-1 所示。

标准报文														
报文编号	1		2		3		4		7		9		20	
过程值1	控制字1	状态字1	控制字1	状态字1	控制字1	状态字1	控制字1	状态字1	控制字1	状态字1	控制字1	状态字1	控制字1	状态字1
过程值2	转速设定值16位	转速实际值16位	转速设定值32位	转速实际值32位	转速设定值32位	转速实际值32位	转速设定值32位	转速实际值32位	选择程序段	EPOS选择的程序段	选择程序段	EPOS选择的程序段	转速设定值16位	经过平滑的转速实际值A(16位)
过程值3	-	-	-	-	-	-	-	-	-	-	控制字2	状态字2	-	经过平滑的输出电流
过程值4	-	-	控制字2	状态字2	控制字2	状态字2	控制字2	状态字2	-	-	MDI目标位置	-	-	经过平滑的转矩实际值
过程值5	-	-	-	-	编码器1控制字	编码器1状态字	编码器1控制字	编码器1状态字	-	-	MDI速度	-	-	有功功率实际值
过程值6	-	-	-	-	编码器1位置实际值1 32位		编码器1位置实际值1 32位		-	-	MDI加速度	-	-	-
过程值7	-	-	-	-	-	-	-	-	-	-	MDI减速度	-	-	-
过程值8	-	-	-	-	编码器1位置实际值2 32位		编码器1位置实际值2 32位		-	-	MDI模式选择	-	-	-
过程值9	-	-	-	-	-	-	-	-	-	-	-	-	-	-
过程值10	-	-	-	-	-	-	编码器2状态字		-	-	-	-	-	-
过程值11	-	-	-	-	-	-	编码器2位置实际值1 32位		-	-	-	-	-	-
过程值12	-	-	-	-	-	-	-	-	-	-	-	-	-	-
过程值13	-	-	-	-	-	-	编码器2位置实际值2 32位		-	-	-	-	-	-
过程值14	-	-	-	-	-	-	-	-	-	-	-	-	-	-

图 6-1　G120 变频器支持的标准报文

G120 变频器通过参数号 P922 选择报文类型，选择报文后 G120 变频器会自动将总线接口数据和相应的信号互联在一起。

6.1.2　控制字及状态字

G120 变频器通过控制字及状态字同 PLC 交换数据。

1. G120 变频器的控制字

控制字就是写入变频器用来控制变频器运动的一个 16 位的字，编号从最低位 0 到最高位 15。可以通过设置这些位的数值达到控制的目的。

G120 变频器通过通信接收到的控制字中每一位都有其特定的功能，在参数手册的 r0054 中有对每一位含义的简要说明。表 6-1 所示详细说明了控制字中每一位的含义。

微课：控制字状态字

表 6-1　G120 变频器的控制字

控制字的位号	含　义	默认参数设置	说　明
0	ON 启动/OFF1 停车	P840＝r2090.0	0 到 1 上升沿触发启动；0 停车
1	OFF2 停车	P844＝r2090.1	1：运行条件；0：自由停车
2	OFF3 停车	P848＝r2090.2	1：运行条件；0：快速停车
3	运行使能	P852＝r2090.3	1：运行使能有效
4	使能斜坡函数发生器	P1141＝r2090.4	1：使能斜坡函数发生器
5	继续斜坡函数发生器	P1142＝r2090.5	1：继续运行斜坡函数发生器；0：冻结斜坡函数发生器
6	使能转速设定值	P1142＝r2090.6	1：使能转速设定值
7	故障应答	P2103＝r2090.7	1：故障复位
8	JOG 位 0	P1055＝0	1：JOG 位 0 有效，设置 JOG1 的信号源
9	JOG 位 1	P1056＝0	1：JOG 位 1 有效，设置 JOG2 的信号源
10	通过 PLC 控制	P854＝r2090.10	1：通过 PLC 控制

续表

控制字的位号	含　义	默认参数设置	说　明
11	反向控制	P1113＝r2090.11	1：执行反转操作
12	未使用	—	—
13	电动电位计升速	P1035＝r2090.13	1：持续提高电动电位计设定值
14	电动电位计降速	P1036＝r2090.14	1：持续降低电动电位计设定值
15	CDS 位 0	P810＝r722.3	1：指令数据组选择 CDS 位 0

以 PLC 启动 G120 变频器并以给定频率运行为例，控制字设置如下：采用 PLC 控制方式，则控制字第 10 位为 1，第 0～6 位必须为 1，其他位为 0，从高到低每 4 位一组，每组构成 1 个十六进制数，控制字为 047F，如图 6-2 所示。

图 6-2　控制字应用举例

常用的控制字设置如下。

- 启动：047F Hex。
- OFF1 停车：047E Hex。
- OFF2 停车：047C Hex。
- OFF3 停车：047A Hex。
- 反转：0C7F Hex。
- 故障复位：04FE Hex。

在工程应用中，一般按位对控制字中的每一位进行操作。

2. G120 变频器的状态字

状态字就是从变频器中读取其运行状态的一个 16 位的字，编号也是从最低位 0 位到最高位 15，其中每一位对应变频器的某个运行状态，代表一个信息。

G120 变频器状态字中的每一位在参数 r0052 中进行了简要的说明，表 6-2 所示说明了状态字中每一位的含义及默认的信号源。通过参数 R2080 可以确定状态字的信号源连接。

表 6-2　G120 变频器的状态字

状态字的位号	含　义	默认的信号源	说　明
0	接通就绪	R899.0	1表示接通就绪
1	运行就绪	R899.1	1表示运行就绪
2	运行使能	R899.2	1表示运行使能
3	存在故障	R2139.3	1表示存在故障
4	OFF2 激活	R899.4	1表示自由停车不激活
5	OFF3 激活	R899.5	1表示快速停车不激活
6	禁止合闸	R899.6	1表示禁止合闸
7	存在报警	R2139.7	1表示存在报警

续表

状态字的位号	含　　义	默认的信号源	说　　明
8	转速差在公差范围内	R2197.7	0 表示转速设定值与实际值的偏差偏离了公差范围
9	控制请求	R899.9	1 表示存在控制请求
10	达到最大速度	R2197.6	1 表示达到最大速度
11	电流、转矩限制	R0056.13	0 表示电流、转矩限制达到
12	装置抱闸打开	R899.12	1 表示装置抱闸打开
13	电机超温报警	R2135.14	0 表示电机超温报警
14	电机正向旋转	R2197.3	1 表示电机正向旋转
15	变频器过载报警	R2153.15	0 表示变频器过载报警

若读取的状态字为十六进制数 0007,如图 6-3 所示,则表示变频器接通就绪、运行就绪且运行使能。若读取的十六进制值为 0010H,表示变频器存在报警。

图 6-3　状态字应用举例

同控制字一样,在工程应用中一般按位对状态字中的每一位进行读取。

任务 6.2　博途组态 S7-1200 PLC 与 G120 变频器

本任务重点介绍在博途软件中在线访问和调试 G120 变频器的方法,S7-1200 PLC 与 G120 变频器的硬件和网络组态,以及监控程序的编制和在线测试。

6.2.1　G120 变频器在线访问及控制面板调试

在博途软件中可以对 G120 变频器进行在线访问,设置变频器名称、IP 地址及参数,并且在控制面板中进行变频器启动、停止及速度调节等调试。操作步骤如下。

1. 在线访问变频器

(1)将控制单元 CU240E-2 PN 的 RJ45 口与装有博途的 PC 的 RJ45 口通过 PROFINET 电缆进行连接,并正确设置 PC 的网络通信参数。

(2)打开博途软件,创建新项目,填写项目名称、路径等信息,单击"创建"按钮,如图 6-4 所示。

(3)创建新项目完成后,单击左下角"项目视图"按钮,如图 6-5 所示,进入项目视图。

(4)单击"在线访问"下拉按钮,在下拉列表中找到所用接口选项,这里使用的是 Inter (R)Ethernet Connection(2)I219-LM. TCPIP. 1,双击"更新可访问的设备",如图 6-6 所示,系统开始扫描接口上的设备。

(5)扫描完成后,系统自动列出找到的可访问设备。

微课:博途组态 G120 变频器及测试

操作:在线访问变频器

操作:上传变频器

操作:直接添加变频器

操作:变频器的快速调试

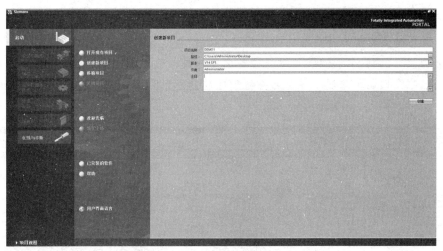

图 6-4　创建新项目

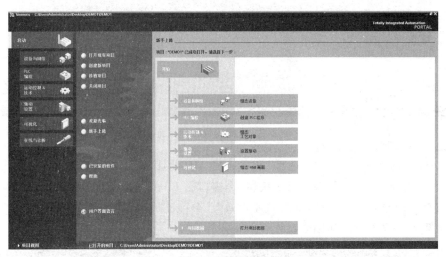

图 6-5　项目视图

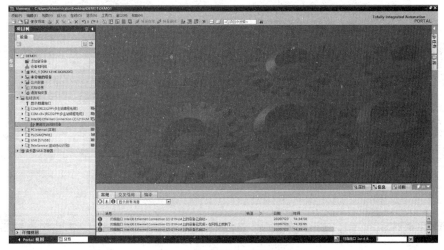

图 6-6　更新可访问的设备

2. 设置变频器名称及 IP 地址

（1）打开找到的变频器设备的树状目录，双击"在线并诊断"选项，打开在线访问窗口，单击功能目录下的"命名"选项，可进行设备名称分配。输入设备名称后，单击下方的"分配名称"按钮，当窗口右下角显示设备名称分配成功提示，即表示分配成功。操作界面如图 6-7 所示。

图 6-7　分配设备名称界面

（2）选择"功能"→"分配 IP 地址"选项，进行 IP 地址分配，输入变频器的 IP 地址以及子网掩码，单击下方的"分配 IP 地址"按钮，当窗口右下角显示"当前连接的 PROFINET 配置已经改变。需重新启动驱动，新配置才生效"。分配完成后，需重新启动 G120 变频器，新配置才能生效。操作界面如图 6-8 所示。

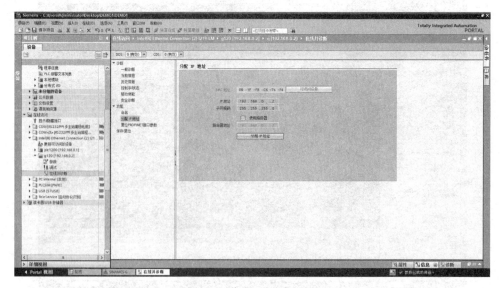

图 6-8　分配 IP 地址界面

（3）给变频器重新上电，再次单击"更新可访问的设备"，可以看到设备名称和 IP 地址已改变，如图 6-9 所示。

图 6-9　修改完成的设备名称和 IP 地址

（4）也可以使用"重置为出厂设置"功能将设备名称和 IP 地址恢复为出厂设置，如图 6-10 所示。

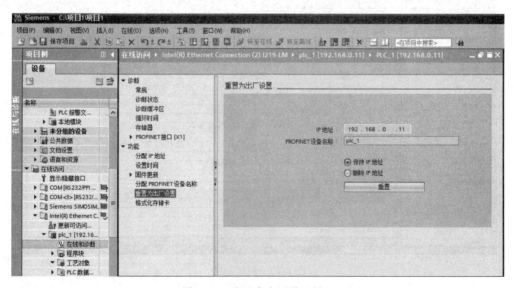

图 6-10　重置为出厂设置界面

3. 参数查看及设置

双击"参数"选项，可进入参数界面，进行参数的查看和设置。可选择查看全部参数或某一类参数。例如，单击"通信"→"配置"选项，出现一系列通信参数。参数界面如图 6-11 所示。

演示：按类型查看变频器参数

图 6-11　参数查看及设置界面

4. 控制面板调试

双击"调试"选项,可进入调试界面。在调试界面中,可运行调试向导,使用控制面板对变频器和电机进行调试。调试界面如图 6-12 所示。

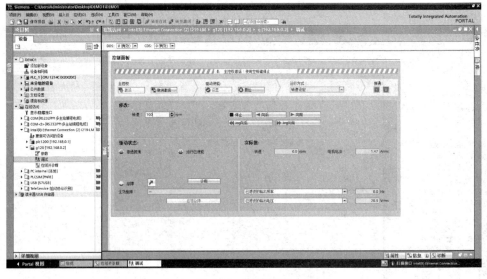

图 6-12　调试界面

6.2.2　S7-1200 PLC 与 G120 变频器硬件及网络组态

在博途软件中组态 S7-1200 PLC 与 G120 变频器的硬件及网络配置,操作步骤如下。

1. 硬件组态

1) 添加 S7-1200 PLC

打开博途软件,选择创建新项目,如图 6-4 所示。创建新项目完成后,添加 CPU S7-

1200 的站,单击"设备与网络"→"添加新设备",在设备树中选择 S7-1200→CPU→
CPU1214C DC/DC/DC→214-1AG40-0XB0,版本为 V4.2,此处需要注意所添加的 CPU 必
须严格按照 PLC 上的型号、订货号和版本,如图 6-13 所示。

操作:添加
S7-1200

图 6-13　添加 S7-1200 的 CPU 模块

2)添加 G120 变频器并分配主站接口

单击设备和网络进入网络视图页面,打开硬件目录,选择"其他现场设备→PROFINET
IO→驱动器(Drives)→SINAMICS AG→SINAMICS→SINAMICS G120 CU240E-2 PN
V4.7"模块,并将设备拖曳到网络视图空白处,如图 6-14 所示。

操作:S7-1200
PLC 与 G120
变频器通信

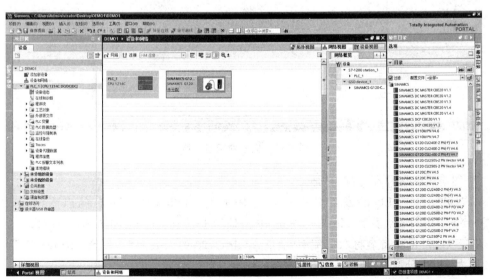

图 6-14　添加 G120 变频器的站

单击蓝色提示"未分配"以插入站点,选择主站"PLC_1.PROFINET 接口_1",如图 6-15
所示。完成的网络连接如图 6-16 所示。

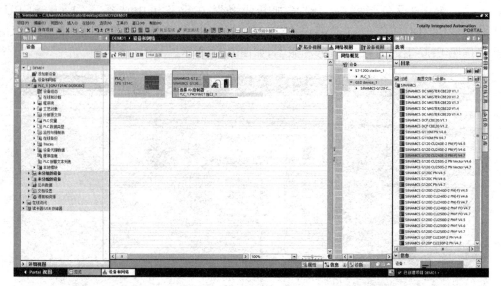

图 6-15　单击"未分配"插入站点

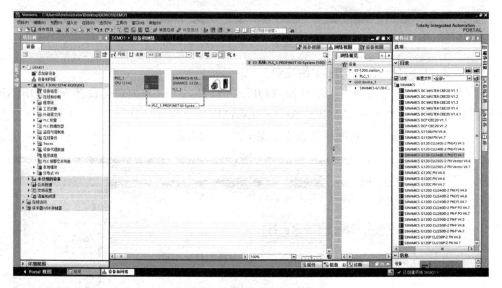

图 6-16　完成的网络连接

3）组态设备名称和分配 IP 地址

组态 S7-1200 PLC 的设备名称和分配 IP 地址，单击 CPU1214C 的以太网口，设置 PROFINET 的设备名称为 plc1200，分配 IP 地址为 192.168.0.1，如图 6-17 所示。

组态 G120 的设备名称和分配 IP 地址，单击 G120 的以太网口，设置 PROFINET 的设备名称为 g120，分配 IP 地址为 192.168.0.2，如图 6-18 所示。

4）组态 G120 变频器报文

双击 G120 变频器，单击硬件目录，选择子模块"标准报文 1，PZD-2/2"，将模块拖曳到设备概览视图的插槽中，系统自动分配了过程映像输入地址为 68～71，过程映像输出地址为 64～67，如图 6-19 所示。

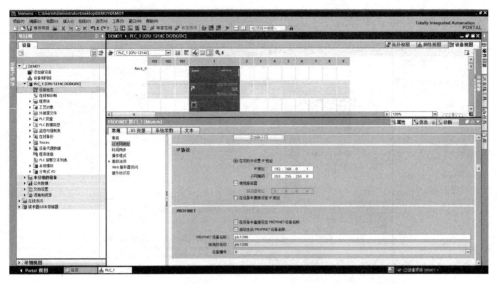

图 6-17　组态 S7-1200 的设备名称和分配 IP 地址

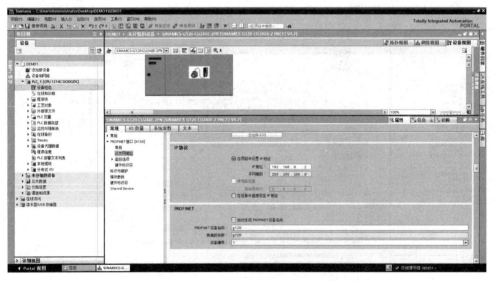

图 6-18　组态 G120 的设备名称和分配 IP 地址

5）保存编译并下载

保存项目，单击"编译"按钮，项目编译完成后单击"下载到设备"按钮。选择 PG/PC 接口类型 PN/IE，PG/PC 接口选择 PC 网卡，接口/子网的连接选择插槽 1×1 处的方向。单击"开始搜索"，搜索完成后单击"下载"按钮，完成硬件组态，如图 6-20 所示。

2. G120 变频器配置

在完成 S7-1200 PLC 的硬件配置并下载后，如果现场 G120 变频器的 IP 地址和设备名称与项目中的组态不一致，且 S7-1200 PLC 与 G120 变频器还无法进行通信，则必须为 G120 变频器分配设备名称和 IP 地址，保证其实际分配的设备名称和 IP 地址与博途硬件组态中分配的设备名称和 IP 地址一致。

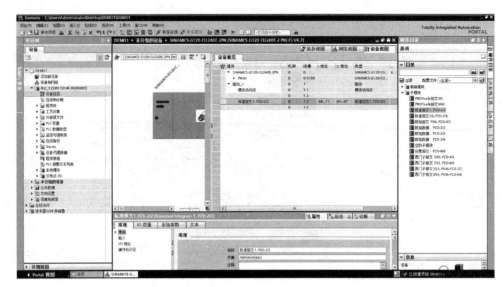

图 6-19　组态 G120 变频器报文

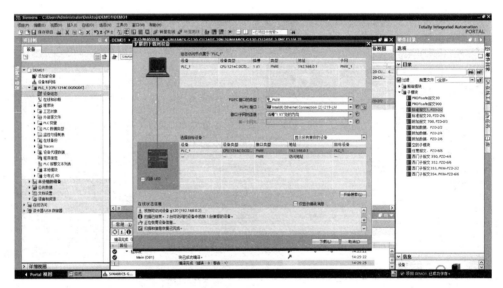

图 6-20　下载硬件配置

1）分配 G120 变频器的设备名称

在线访问变频器时，单击"在线并诊断"，单击"功能"→"命名"，设置 PROFINET 设备名称为硬件组态的设备名称 g120，并单击分配名称按钮，从消息栏中可以看到设备名称分配成功提示。

2）分配 G120 变频器的 IP 地址

单击"功能"→"分配 IP 地址"，设置 G120 的 IP 地址和子网掩码，此处地址需要与硬件组态的地址一致，单击"分配 IP 地址"按钮，从消息栏中可以看到提示"当前连接的 PROFINET 配置已经改变。需重新启动驱动，新配置才生效"。分配完成后，需重新启动 G120 变频器，新配置才能生效。

3）设置 G120 变频器的命令源和报文类型

变频器就绪后，单击"更新可访问的设备"。选择变频器并单击"参数"，使用参数视图，单击"通信"→"配置"，出现一系列通信参数 P15/P170/P922/P1000/P2030。设置参数 P15 为 7（现场总线 PROFIBUS/PROFINET 控制和点动切换），设置报文类型 P922 为"标准报文 1,PZD-2/2"，如图 6-21 所示。

图 6-21 G120 报文设置

6.2.3 G120 变频器监控编程及测试

在博途软件中编写 G120 变频器监控程序，并进行测试，操作步骤如下。

1. 编写监控程序

使用标准报文 1 时，S7-1200 PLC 通过 PROFINET 通信方式将控制字和主设定值周期性地发送至 G120 变频器，G120 变频器将状态字和实际转速发送到 S7-1200 PLC。

常用控制字包括：047F（Hex）用于正转启动；047E（Hex）用于 OFF1 停车；047C（Hex）用于 OFF2 停车；047A（Hex）用于 OFF3 停车；0C7F（Hex）用于电机反转。有关控制字及状态字的详细定义请参考 6.1.2 小节。

变频器的主设定值即速度设定值要经过标准化，变频器接收有符号十进制整数 16384（4000H），对应于 100% 的速度，接收的最大速度为 32767，对应于 200% 的速度。在参数 P2000 中可以设置 100% 的速度对应的参考转速。反馈实际转速同样需要经过标准化，方法同主设定值。PLC I/O 地址与变频器过程值见表 6-3。

微课：变量表在线监控 G120 变频器

表 6-3 PLC I/O 地址与变频器过程值

数 据 方 向	PLC I/O 地址	变频器过程数据	数 据 类 型
PLC→变频器	QW64	PZD1-控制字	十六进制（16bit）
	QW66	PZD2-主设定值	有符号整数（16bit）
变频器→PLC	IW68	PZD1-状态字	十六进制（16bit）
	IW70	PZD2-实际转速	有符号整数（16bit）

单击程序块,打开 OB1。编写监控程序,触发信号由 M0.0 控制,将 MW100(控制字设定)传送到 QW64(控制字)中,将 MW102(给定速度设定)传送到 QW66(给定速度)中,将 IW68(状态字)传送到 MW104(状态字反馈)中,将 IW70(实际转速)传送到 MW106(实际转速反馈)中,监控程序如图 6-22 所示。程序完成后,进行保存编译并下载到 PLC 中。

操作:编程
及监控

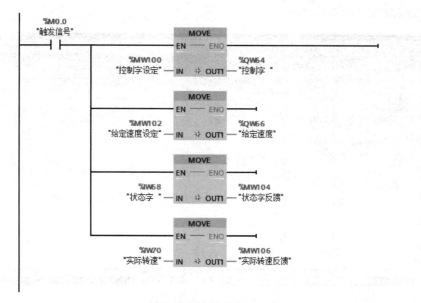

图 6-22　监控程序

2. 建立监控表并进行在线监控

添加监控表,在监控表中列出触发信号 M0.0,写入数据 MW100 和 MW102,读取数据 MW104 和 MW106。MW100 发送控制字,MW102 发送主设定值,MW104 读取状态字,MW106 读取实际转速,其中控制字和状态字需要用十六进制表示。监控表如图 6-23 所示。

DEMO1 ▶ PLC_1 [CPU 1214C DC/DC/DC] ▶ 监控与强制表 ▶ 监控表_1

	i	名称	地址	显示格式	监视值	修改值		注释
1		"触发信号"	%M0.0	布尔型		TRUE	☑ !	
2		"控制字设定"	%MW100	十六进制		16#047E	☑ !	
3		"给定速度设定"	%MW102	无符号十进制		16384	☑ !	
4		"状态字反馈"	%MW104	十六进制			☐	
5		"实际转速反馈"	%MW106	无符号十进制			☐	

图 6-23　添加监控表

操作:速度以
十六进制给定

进行控制变频器的启停、调速以及读取变频器状态和电机实际转速的调试。写入触发信号 M0.0 为 1。首次启动变频器时,需将控制字 16♯047E 写入 MW100,传送到 QW64,使变频器运行准备就绪,然后将 16♯047F 写入 QW64 以启动变频器。

将主设定值写入 MW102,传送到 QW66。若主设定值用十六进制表示,参考转速 P2000 为 1500r/min,则发送 16♯4000 时,设定电机转速为 1500r/min;发送 16♯2000 时,设定电机转速为 750r/min。若主设定值用十进制表示,参考转速 P2000 为 1500r/min,则发送 4096 时,设定电机转速为 375r/min。

转至在线后,电机按照设定转速运行,变频器反馈状态字和实际转速到 PLC,此时 MW104 读取状态字,MW106 读取实际转速。状态字位具体含义请参考 6.1.2 小节,变频器反馈的实际转速与主设定值表示方法一致。

在线调试的监控表和程序画面如图 6-24 和图 6-25 所示。

调试完成后,将 16♯047E 写入 QW64 停止变频器运行。

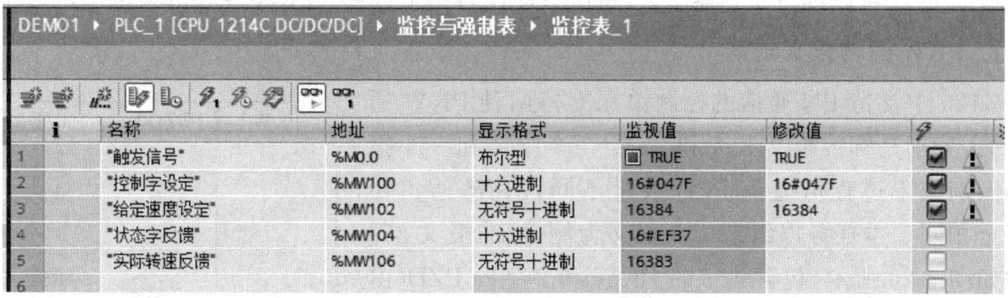

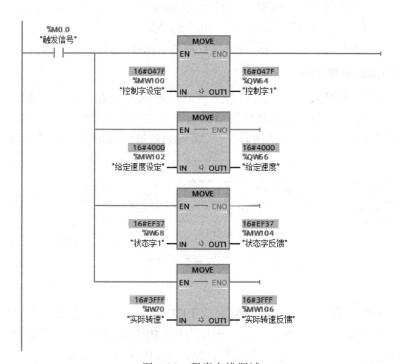

图 6-24 监控表在线调试

图 6-25 程序在线调试

任务 6.3 S7-1200 PLC 读写 G120 变频器参数

本任务重点介绍周期性和非周期性通信参数访问,采用 S7-1200 读写单个或多个 G120 变频器参数,编写监控程序并进行在线测试。

6.3.1   周期性通信参数访问

微课：G120
变频器参数
访问

在 SINAMICS G120 变频器中，带 PN 接口的控制单元(如 CU240E-2 PN、CU250S-2 PN)均支持变频器参数访问。变频器参数访问包括两种方式：周期性通信和非周期性通信。变频器周期性通信是指通过 PKW 通道(参数数据区)进行参数访问，PROFINET IO 控制器如 PLC 可以读写变频器参数，每次只能读写一个参数。PKW 通道的长度固定为 4 字。

1. PKW 通信报文结构

G120 中支持 PN 通信的控制单元支持两种 PKW 通信报文，分别是标准报文 353 和 354。353 报文和 354 报文的区别在于过程值通道 PZD 数量不同，PKW 通道功能完全相同。本任务以组态 353 报文为例，标准报文 353 结构如图 6-26 所示，包含 4 字的 PKW 和 2 字的 PZD(由字 PZD01 和字 PZD02 组成)。对于 PLC 发送信号给变频器的情况，PZD01 为控制字(STW1)，PZD02 为给定速度值(NSOLL_A)；对于变频器发送信号给 PLC 的情况，

PKW	PZD01	PZD02

PKW	STW1	NSOLL_A
	ZSW1	NIST_A GLATT

图 6-26   标准报文 353 的结构

PZD01 为状态字(ZSW1)，PZD2 为运行速度反馈值(NIST_A GLATT)。

2. 参数通道的数据结构

PKW 通信的工作模式：主站发出请求，变频器收到主站请求后处理请求，并将处理结果应答给主站。PKW 通信的请求和应答数据包含 4 字：第 1、2 字代表参数号，索引，读写任务的类型；第 3、4 字代表参数的内容。PKW 参数通道的结构如图 6-27 所示。

参数通道					
PKE(第1字)			IND(第2字)		PWE(第3和第4字)
15~12	11	10~0	15~8	7~0	15~0	15~0
AK	SPM	PNU	子索引	分区索引	PWE1	PWE2

图 6-27   PKW 参数通道的结构

1) PKE

PKE 是 PKW 的第 1 字。其中 AK 对应 PKE 的位 12~15，表示任务 ID 或应答 ID。SPM 对应 PKE 的位 11，其值始终为 0。PNU 对应 PKE 的位 0~10，当参数号小于 2000 时，PNU 等于参数号。当参数号大于或等于 2000 时，PNU 的值为参数号减去偏移，将偏移写入分区索引中(IND 位 0~7)。PKE 结构如图 6-28 所示。

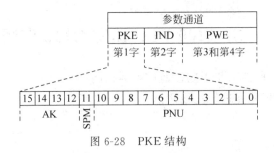

图 6-28   PKE 结构

控制器发送给变频器的任务 ID 见表 6-4。所需参数元素在 IND(第 2 字)中规定。注意以下的任务 ID 是相同的: 1=6、2=7、3=8。

表 6-4　控制器发送给变频器的任务 ID

任务 ID	描　述	应答 ID	
		正	负
0	无任务	0	7/8
1	请求参数值	1/2	7/8
2	修改参数值(单字)	1	7/8
3	修改参数值(双字)	2	7/8
4	请求描述性元素	3	7/8
6	请求参数值(数组)	4/5	7/8
7	修改参数值(数组、单字)	4	7/8
8	修改参数值(数组、双字)	5	7/8
9	请求数组元素数量	6	7/8

变频器发送给控制器的应答 ID 见表 6-5。所需参数元素在 IND(第 2 字)中规定。所需含索引的参数元素在 IND(第 2 字)中规定。

表 6-5　变频器发送给控制器的应答 ID

应答 ID	描　述
0	无任务
1	传送参数值(单字)
2	传送参数值(双字)
3	传送描述性元素
4	传送参数值(数组、单字)
5	传送参数值(数组、双字)
6	传送数组元素数量
7	变频器无法处理的任务 变频器会在参数通道的高位字中将错误号发送给控制器
8	无主站控制权限/无权限修改参数通道接口

应答 ID 为 7(即访问出错)时,变频器会在参数值 PWE1 中将错误号发送给主站。应答 ID7 中的错误号见表 6-6。

表 6-6　变频器应答 ID7 中的错误号

编号	描　述
00Hex	参数号错误(访问的参数不存在)
01Hex	参数值无法修改(修改任务中的参数值无法被修改)
02Hex	超出数值的下限或上限(修改任务中的值超出了限值)
03Hex	错误的子索引(访问的子索引不存在)
04Hex	没有数组(使用子索引访问无索引的参数)
05Hex	错误的数据类型(修改任务中的值与参数的数据类型不相符)

编号	描 述
06Hex	不允许设置,只能复位(不允许使用不等于 0 的值执行修改任务)
07Hex	无法修改描述单元(修改任务中的描述单元无法被修改)
0BHex	没有操作权限(缺少操作权限的修改任务)
0CHex	缺少密码
11Hex	因运行状态无法执行任务(因某个无法详细说明的临时原因无法进行访问)
14Hex	数值错误(修改任务的数值虽然在极限范围内,但是由于其他持久原因而不被允许,即参数被定义为独立值)
65Hex	参数号码当前被禁止(取决于变频器的运行状态)
66Hex	通道宽度不够(通信通道太窄,不够应答)
68Hex	参数值非法(参数只允许设为特定值)
6AHex	没有收到任务/不支持任务
6BHex	控制器使能时无修改权限(变频器的运行状态拒绝参数改动)
86Hex	调试时仅允许写访问(P0010=15)(变频器的运行状态拒绝参数改动)
87Hex	专有技术保护生效,禁止访问
C8Hex	修改任务低于当前有效的限值(修改任务的访问值虽然在绝对限值范围内,但低于当前有效的下限值)
C9Hex	修改任务高于当前有效的限值(示例:变频器功率的参数值过大)
CCHex	不允许执行修改任务(因为没有访问口令而不允许修改)

2) 参数索引 IND

IND 是 PKW 的第 2 字。其中子索引(参数下标)对应 IND 的位 15～8,表示变频器参数的子索引(参数下标)值,例如 P840[1]中的 1 为参数索引。分区索引对应 IND 的位 0～7,表示变频器参数偏移量,用于配合 PNU 确定参数号。分区索引查询参考表 6-7。例如,P2000 的分区索引为 80Hex。

表 6-7　分区索引查询表

参 数 号	偏移	分区索引								
		Hex	位 7	位 6	位 5	位 4	位 3	位 2	位 1	位 0
0000～1999	0	0Hex	0	0	0	0	0	0	0	0
2000～3999	2000	80Hex	1	0	0	0	0	0	0	0
6000～7999	6000	90Hex	1	0	0	1	0	0	0	0
8000～9999	8000	20Hex	0	0	1	0	0	0	0	0
10000～11999	10000	A0Hex	1	0	1	0	0	0	0	0
20000～21999	20000	50Hex	0	1	0	1	0	0	0	0
30000～31999	30000	F0Hex	1	1	1	1	0	0	0	0
60000～61999	60000	74Hex	0	1	1	1	0	1	0	0

3) PWE

PKW 的第 3、4 字为 PWE。PWE 中可以是参数值或是 CI/CO。参数值 PWE 以双字方式发送,一条报文只能传送一个参数值。32 位的参数值由 PWE1(第 3 字)和 PWE2(第 4 字)两字组成;16 位的参数值由 PWE2 表示,PWE1 为 0(Hex);8 位的参数值由 PWE2 中的位 0~7 表示,高 8 位和 PWE1 为 0(Hex)。对于 BICO 参数,PWE1 表示参数号,PWE2 位 10~15 均为 1,PWE2 位 0~9 表示参数的索引或位号。例如 r722.2,PWE1 为 2D2 (Hex),PWE2 位 10~15 为 3F(Hex),PWE2 位 0~9 为 2(Hex)。参数值 PWE 见表 6-8。

表 6-8　参数值 PWE

参 数	PWE1	PWE2	
	位 15~0	位 15~8	位 7~0
参数值	0Hex	0Hex	8 位值
	0Hex	16 位值	
	32 位值		
CI/CO	位 15~0	位 15~10	位 9~0
	CI/CO 编号	3FHex	CI/CO 的索引或位字段号

3. 参数通道的应用示例

1) 读任务

读取功率模块的序列号 P7841.2。由于读参数任务 ID 为 6,因此 PKE 位 12~15 为 6 (Hex);PKE 位 11 常为 0;由于参数号为 7841,偏移为 6000,PNU 的值为参数号减去偏移,因此 PKE 位 0~10 为 731(Hex)即 1841;由于参数有子索引,因此 IND 位 8~15 为 2 (参数索引);查询分区索引表,由于参数号为 6000~7999,分区索引为 90(Hex),即 IND 位 0~7 为 90(Hex);由于需要读取参数值,而参数通道中的第 3 字和第 4 字没有用处,可将其设为 0。

因此,为获取具有索引的参数 P7841 的数值,需要在参数通道中的报文填入以下数据。

- PKE:位 12~15(AK)=6(请求参数值(数组))。
- PKE:位 11=0。
- PKE:位 0~10(PNU)=731Hex(参数号—偏移)。
- IND:位 8~15(子索引)=2(参数索引)。
- IND:位 0~7(分区索引)=90Hex(偏移 6000 对应 90Hex)。
- PWE1:0。
- PWE2:0。

读取 P7841.2 的参数通道如图 6-29 所示。

参数通道							
PKE(第1字)		IND(第2字)		PWE1, 高位字(第3字)	PWE2, 低位字(第4字)		
15~12	11	10~0	15~8	7~0	15~0	15~10	9~0
AK		参数号	子索引	分区索引	参数值	驱动对象	索引
0110	0	11100110001	00000010	10010000	0000000000000000	000000	0000000000

图 6-29　读取 P7841.2 的参数通道

2) 写任务

为数字量输入 DI2 设置功能 ON/OFF1(P840.1=r722.2)。如需将数字量输入 DI2 和 ON/OFF1 互联在一起,必须为参数 P840.1(ON/OFF1 的来源)赋值 722.2(DI2)。

由于写参数任务 ID 为 7,因此 PKE 位 12~15 为 7(Hex);PKE 位 11 常为 0;由于参

数号为 840,小于 2000,PNU 的值为参数号,因此 PKE 位 0～10 为 348(Hex)即 840;由于参数有子索引,因此 IND 位 8～15 为 1(Hex)(参数索引);查询分区索引表,由于参数号为 0000～1999,分区索引为 0(Hex),即 IND 位 0～7 为 0(Hex);由于参数值为 722.2,因此 PWE1 的位 0～15 为 2D2(Hex)即 722;PWE2 的位 10～15 为 3F(Hex);PWE2 的位 0～9 表示参数的索引或位号,DI2 的参数索引为 2(Hex)。

因此,为数字量输入 DI2 设置功能 ON/OFF1,需要在参数通道中的报文填入以下数据。

- PKE:位 12～15 (AK)＝7Hex(修改参数值(数组、单字))。
- PKE:位 11＝0。
- PKE:位 0～10 (PNU)＝348Hex(840＝348Hex,无偏移,因为 840＜1999)。
- IND:位 8～15(子索引)＝1Hex(CDS1＝索引 1)。
- IND:位 0～7(分区索引)＝0Hex(偏移 0 对应 0Hex)。
- PWE1:位 0～15＝2D2Hex(722＝2D2Hex)。
- PWE2:位 10～15＝3FHex(驱动对象 SINAMICS G120 上始终为 3FHex)。
- PWE2:位 0～9＝2Hex(参数索引为 2)。

为数字量输入 DI2 设置功能 ON/OFF1 的参数通道如图 6-30 所示。

参数通道							
PKE(第1字)			IND(第2字)		PWE1, 高位字(第3字)	PWE2, 低位字(第4字)	
15～12	11	10～0	15～8	7～0	15～0	15～10	9～0
AK		参数号	子索引	分区索引	参数值	驱动对象	索引
0 1 1 1	0	0 1 1 0 1 0 0 1 0 0 0	0 0 0 0 0 0 0 1	0 0 0 0 0 0 0 0	0 0 0 0 0 0 1 0 1 1 0 1 0 0 1 0	1 1 1 1 1 1	0 0 0 0 0 0 0 0 1 0

图 6-30　为数字量输入 DI2 设置功能 ON/OFF1 的参数通道

6.3.2　非周期性通信参数访问

1. 参数请求/参数应答数据结构

变频器非周期性通信的参数访问是指,PROFINET IO 控制器通过非周期通信方式访问变频器数据记录区,每次可以读或写多个参数,使用非周期通信对读写参数数量没有限制,但每个读写任务最大为 240 字节。

非周期性数据传送模式允许交换大量的用户数据,S7-1200 与 CU240E-2 PN 的非周期通信需要采用系统功能块 WRREC 和 RDREC,其中 WRREC 将"参数请求"发送给 CU240E-2 PN,RDREC 将 CU240E-2 PN 的"参数应答"返回给 PLC。

非周期通信工作模式为:S7-1200 主站调用 SFB53 WRREC 指令将"参数请求"写入从站,从站内部处理后,主站调用 SFB52 RDREC 指令读取包含"参数应答"数据记录。"参数请求"和"参数应答"的数据内容应遵照 PROFIdrive 参数通道(DPV1)数据集 DS47(非周期参数通道结构)。

"参数请求"包括读参数和写参数请求,其数据结构见表 6-9。参数请求结构字段的说明见表 6-10。

表 6-9　参数请求数据结构

字　　段	字节 n	字节 $n+1$	n 值
报文头	请求参考	请求 ID	0
	驱动对象 ID	参数数量 m	2
参数 1	属性	索引的数量	4
	参数号		6
	第一个索引的编号		8
……	……		…
参数 m	属性	索引的数量	…
	参数号		…
	第一个索引的编号		…
参数 1 的值 （只有写任务）	数据格式	参数值数量	…
	参数值		…
	……		…
……	……		…
参数 m 的值	数据格式	参数值数量	…
	参数值		…
	……		…

表 6-10　参数请求结构字段说明

字　　段	数据类型	数值(十六进制)	说　　明
请求参考	8 位无符号数	01～FF	用于区分对应的请求和应答。主站改变每个新的请求的索引号，从站在相应的应答中返回请求的索引号
请求 ID	8 位无符号数	01 02	区分请求的类型 读任务 写任务
驱动对象 ID	8 位无符号数	01	用于区分驱动对象，固定为 01Hex
参数数量 m	8 位无符号数	01～27	访问的参数的个数
属性	8 位无符号数	10 20	访问参数元素的类型 数值 描述(只有读任务)
索引数量	8 位无符号数	00～EA	要访问的参数中多个索引的数量 (参数无索引时 00Hex)
参数号	16 位无符号数	0001～FFFF	访问的参数号
索引编号	16 位无符号数	0000～FFFF	要访问的参数中多个索引的第一个索引的索引 (参数无索引时 0000Hex)
数据格式	8 位无符号数	02 03 04 05 06 07 08 其他值	通过数值判断参数值的数据类型 8 位整型 16 位整型 32 位整型 8 位无符号数 16 位无符号数 32 位无符号数 浮点数

续表

字　　段	数据类型	数值(十六进制)	说　　明
数据格式	8 位无符号数	40 41 42 43 44	Zero(即没有数值作为对写参数请求的部分正常应答) 字节 字 双字 错误
参数值数量	8 位无符号数	00～EA	说明随后的参数值的个数
参数值	16 位无符号数	0000～FFFF	参数值

"参数应答"包括读参数和写参数应答,其数据结构见表 6-11。参数应答结构字段的说明见表 6-12。

表 6-11　参数应答数据结构

字　　段	字节 n	字节 $n+1$	n 值
报文头	请求参考映像	应答 ID	0
	驱动对象 ID 映像	参数数量 m	2
参数 1 的值(只有读任务)	数据格式	参数值数量	4
	参数值或故障值	……	6
	……		…
参数 2	……	……	…
……	……	……	…
参数 m	……	……	…

表 6-12　参数应答结构字段说明

字　　段	数 据 类 型	数值(十六进制)	说　　明
请求参考映射	8 位无符号数	01～FF	返回请求参考与请求相同
应答 ID	8 位无符号数	01 81 02 82	读任务 读任务没有完整执行 写任务 写任务没有完整执行
驱动对象映射	8 位无符号数	00～FF	驱动对象号与请求相同
参数数量 m	8 位无符号数	01～27	返回的参数的个数与请求相同
数据格式	8 位无符号数	02 03 04 05 06 07 08 10	通过数值判断参数值的数据类型 8 位整型 16 位整型 32 位整型 8 位无符号数 16 位无符号数 32 位无符号数 浮点数 8 位数据串(octet string)(长度 16bit)

续表

字　　段	数据类型	数值(十六进制)	说　　明
数据格式	8位无符号数	13	时间差(time difference)(长度 32bit)
		41	字节
		42	字
		43	双字
		44	错误
参数值数量	8位无符号数	00～EA	说明随后的参数值的个数
参数值或错误值	16位无符号数	0000～00FF	参数值或错误时的错误号

当应答中存在故障时,应根据故障代码诊断具体原因。

2. 参数请求/参数应答系统功能块

非周期通信需要采用系统功能块 WRREC 和 RDREC 指令,其中,WRREC 将"参数请求"发送给变频器,其输入/输出如图 6-31 所示。其中,REQ 表示任务开始执行;ID 为变频器组态的起始地址,在实际硬件组态中,可选择"SIEMENS telegram 353,PKW＋PZD-2/2";INDEX 为固定值 47;LEN 为写数据记录的长度;RECORD 在示例中表示写入缓存区从MB100 开始的 40 字节。

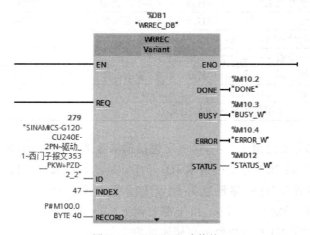

图 6-31　WRREC 功能块

RDREC 将变频器的"参数应答"返回给 PLC,其组成如图 6-32 所示。其中 REQ 表示任务开始执行;ID 为变频器组态的起始地址,在实际硬件组态中,可选择"SIEMENS telegram 353,PKW＋PZD-2/2";INDEX 为固定值 47;MLEN 为读取数据记录的最大长度;RECORD 在示例中表示读取缓存区从 MB200 开始的 40 字节;LEN 表示读取到的数据长度(示例中该值由 VALID 信号的上升沿保存到 MW26 中)。

3. 非周期性通信应用示例

1) 读参数

按图 6-32 所示编写程序,读取参数 P2900 和 r2902.2～r2902.5,读参数请求见表 6-13。

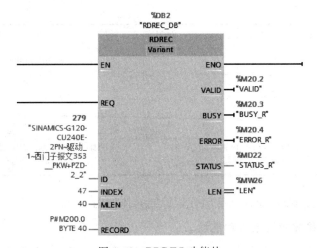

图 6-32 RDREC 功能块

表 6-13 读参数请求

字　　段	字节 n		字节 $n+1$		地址
报文头	请求参考	01Hex	请求 ID	01Hex	MW100
	驱动对象 ID	01Hex	参数数量 m	02Hex	MW102
参数 1	属性	10Hex	索引的数量	00Hex	MW104
	参数号＝0B54Hex				MW106
	第一个索引的编号＝0000Hex				MW108
参数 2	属性	10Hex	索引的数量	04Hex	MW110
	参数号＝0B56Hex				MW112
	第一个索引的编号＝0002Hex				MW114

　　其中,报文头部分对应第 1、2 字,第 1 字包括请求参考和请求 ID,第 1 字节请求参考是任务的标签,为 01Hex;第 2 字节是请求 ID,即任务是读参数或写参数,读取参数时设置为 01Hex,请求参考和请求 ID 存储地址为 MW100;第 2 字包括驱动对象 ID 和参数数量,G120 的驱动对象 ID 固定为 01Hex;由于需要读 P2900 和 r2902 两个参数,因此参数数量 m 为 02Hex,驱动对象 ID 和参数数量存储地址为 MW102。

　　参数 1 的相关请求对应第 3、4、5 字,第 3 字包括属性和索引数量,其中属性为 10Hex;由于 P2900 无索引,因此索引的数量为 00Hex,属性和索引的数量存储地址为 MW104;第 4 字为参数号,参数号为 2900 的十六进制表示,即 0B54Hex,参数号存储地址为 MW106;第 4 字为第一个索引的编号,参数 P2900 第一个索引的编号为 0000Hex,存储地址为 MW108。

　　参数 2 的相关请求对应第 6、7、8 字,其中属性为 10Hex,r2902.2～r2902.5 索引的数量为 04Hex,属性和索引的数量存储地址为 MW110;参数号为 2902 的十六进制表示,即 0B56Hex,参数号存储地址为 MW112;参数 r2902.2～r2902.5 第一个索引的编号为 0002Hex,存储地址为 MW114。

　　读参数应答见表 6-14。

表 6-14　读参数应答

字　段	字节 n		字节 $n+1$		地址
报文头	请求参考映射	01Hex	应答 ID	01Hex	MW200
	驱动对象 ID 映射	01Hex	参数数量 m	02Hex	MW202
参数 1 的值	数据格式	08Hex	参数值数量	01Hex	MW204
	参数值＝0.0(浮点数)				MW206
					MW208
参数 2 的值	数据格式	08Hex	参数值数量	04Hex	MW210
	参数值＝10.0(浮点数)				MW212
					MW214
	参数值＝20.0(浮点数)				MW216
					MW218
	参数值＝50.0(浮点数)				MW220
					MW222
	参数值＝100.0(浮点数)				MW224
					MW226

　　其中,报文头部分对应第 1、2 字,第 1 字包括请求参考映射和应答 ID,请求参考映射应与读参数请求的请求参考一致,为 01Hex;第二字为应答 ID,即读参数应答或写参数应答,读取参数时设置为 01Hex,请求参考映射和应答 ID 存储地址为 MW200。第 2 字包括驱动对象 ID 映射和参数数量,驱动对象 ID 映射为 01Hex,参数数量 m 为 02Hex,驱动对象 ID 映射和参数数量存储地址为 MW202。

　　第二部分参数 1 的值对应第 3、4、5 字,第 3 字包括数据格式和参数值数量,数据格式为 08Hex 浮点数类型,参数值数量为 01Hex,数据格式和参数值数量存储地址为 MW204;第 4 字和第 5 字为读参数值的实际值,用浮点数表示,存储地址为 MW206～MW208。同样的,参数 2 的值也包括数据格式、参数值数量和参数实际值,数据格式为 08Hex 浮点数类型,r2902.2～r2902.5 的参数值数量为 04Hex,四个参数实际值存储地址为 MW212～MW226。

　　2) 写参数

　　按图 6-31 所示编写程序,写参数 P2900 和 P2901,设置 P2900 为 11,设置 P2901 为 22,写参数请求见表 6-15。

表 6-15　写参数请求

字　段	字节 n		字节 $n+1$		地址
报文头	请求参考	01Hex	请求 ID	02Hex	MW100
	驱动对象 ID	01Hex	参数数量 m	02Hex	MW102
参数 1	属性	10Hex	索引的数量	01Hex	MW104
	参数号＝0B54Hex				MW106
	第一个索引的编号＝0000Hex				MW108
参数 2	属性	10Hex	索引的数量	01Hex	MW110
	参数号＝0B55Hex				MW112
	第一个索引的编号＝0000Hex				MW114

续表

字　段	字节 n		字节 $n+1$		地址
参数 1 数值	数据格式	08Hex	参数值数量	01Hex	MW116
	参数值＝11.0(浮点数)				MW118
					MW120
参数 2 数值	数据格式	08Hex	参数值数量	01Hex	MW122
	参数值＝22.0(浮点数)				MW124
					MW126

写参数请求与读参数请求类似,其中,报文头部分对应第1、2字,第一字包括请求参考和请求 ID,请求参考为 01Hex;写参数时,请求 ID 为 02Hex,请求参考和请求 ID 存储地址为 MW100;第 2 字包括驱动对象 ID 和参数数量,驱动对象 ID 为 01Hex;由于需要修改 P2900 和 P2901 两个参数,因此参数数量 m 为 02Hex,驱动对象 ID 和参数数量存储地址为 MW102。参数 1 的相关请求与读参数一致,属性为 10Hex,索引的数量为 00Hex,属性和索引的数量存储地址为 MW104;参数号为 2900 的十六进制表示,即 0B54Hex,参数号存储地址为 MW106;参数 P2900 第一个索引的编号为 0000Hex,存储地址为 MW108。

参数 2 为 P2901,属性与索引的数量和参数 1 一致,属性和索引的数量存储地址为 MW110;参数号为 2901 的十六进制表示,即 0B55Hex,参数号存储地址为 MW112;参数 P2900 第一个索引的编号为 0000Hex,存储地址为 MW114。

与读参数请求相比,写参数请求增加了参数值部分,参数 1 的值第 1 字包括数据格式和参数值数量,数据格式为 08Hex 浮点数类型,参数值数量为 01Hex,数据格式和参数值数量存储地址为 MW116;第 2 字和第 3 字为写参数值要修改的实际值,用浮点数表示,存储地址为 MW118~MW120。同样的,参数 2 的值也包括数据格式、参数值数量和参数 2 实际值,数据格式为 08Hex 浮点数类型,参数值数量为 01Hex,参数 2 实际值存储地址为 MW124~MW126。

写参数应答见表 6-16。

表 6-16　写参数应答

字　段	字节 n		字节 $n+1$		地址
报文头	请求参考映射	01Hex	应答 ID	02Hex	MW200
	驱动对象 ID 映射	01Hex	参数数量 m	02Hex	MW202

写参数应答的字段结构只包括报文头部分,第 1 字包括请求参考映射和应答 ID,请求参考映射与写参数请求的请求参考一致,为 01Hex;第 2 字为应答 ID,写参数时应答 ID 为 02Hex,请求参考映射和应答 ID 存储地址为 MW200。第 2 字包括驱动对象 ID 映射和参数数量,驱动对象 ID 映射为 01Hex,参数数量 m 为 02Hex,驱动对象 ID 映射和参数数量存储地址为 MW202。

6.3.3　周期性通信读写 G120 变频器参数

微课:S7-1200 PLC 读写 G120 变频器参数

本任务以组态标准报文 353 为例,在建立通信的基础上介绍周期性通信,通过 S7-1200 读写 G120 变频器参数。

1. 组态 CU240E-2 PN 通信报文

建立 S7-1200 和 G120 变频器的 PROFINET 通信,将硬件目录中"SIEMENS telegram 353,PKW+PZD-2/2"模块拖曳到"设备概览"视图的插槽中,系统自动分配了输入/输出地址,PKW 的输入地址为 IB68～IB75,输出地址为 QB64～QB71,PZD 的输入地址为 IW76、IW78,输出地址为 QW72、QW74,如图 6-33 所示。

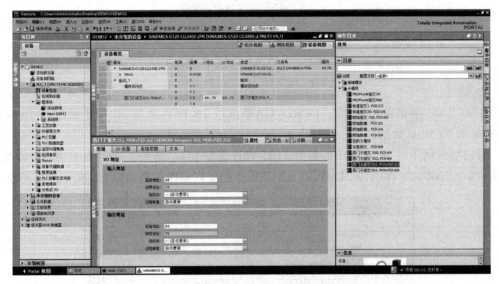

图 6-33　组态 CU240E-2 PN 通信报文

2. 周期性通信读写变频器参数编程

1) 功能块 DPRD_DAT

DPRD_DAT 用于读变频器应答,其组成如图 6-34 所示。其中,LADDR 表示变频器 I 区中组态的起始地址,实际硬件组态中选择标准报文 353 的起始地址;RECORD 表示读取缓存区中从 MB100 开始的 12 字节(包含 PKW 和 PZD 数据);RET_VAL 为 DPRD_DAT 执行状态。

演示:DPRD
指令使用方法

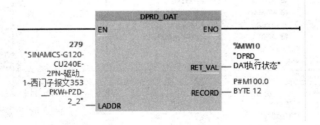

图 6-34　DPRD_DAT 功能块

2) 功能块 DPWR_DAT

DPWR_DAT 用于写变频器请求,其组成如图 6-35 所示。其中,LADDR 表示变频器 Q 区中组态的起始地址,实际硬件组态中选择标准报文 353 的起始地址;RECORD 表示发送缓存区中从 MB200 开始的 12 字节(包含 PKW 和 PZD 数据);RET_VAL 为 DPWR_DAT

演示:DPWR
指令使用方法

执行状态。

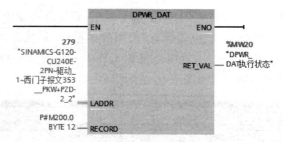

图 6-35　DPWR_DAT 功能块

3）编程

在 S7-1200 中调用扩展指令 DPRD_DAT 读取 PKW 区数据，调用扩展指令 DPWR_DAT 写入 PKW 区数据。

操作：读写变频器参数编程

双击项目树下的 Main(OB1)打开 OB1 程序编辑窗口，选择扩展指令目录中“分布式 I/O→其他→DPRD_DAT 和 DPWR_DAT”指令拖曳到程序编辑窗口中，如图 6-36 所示。

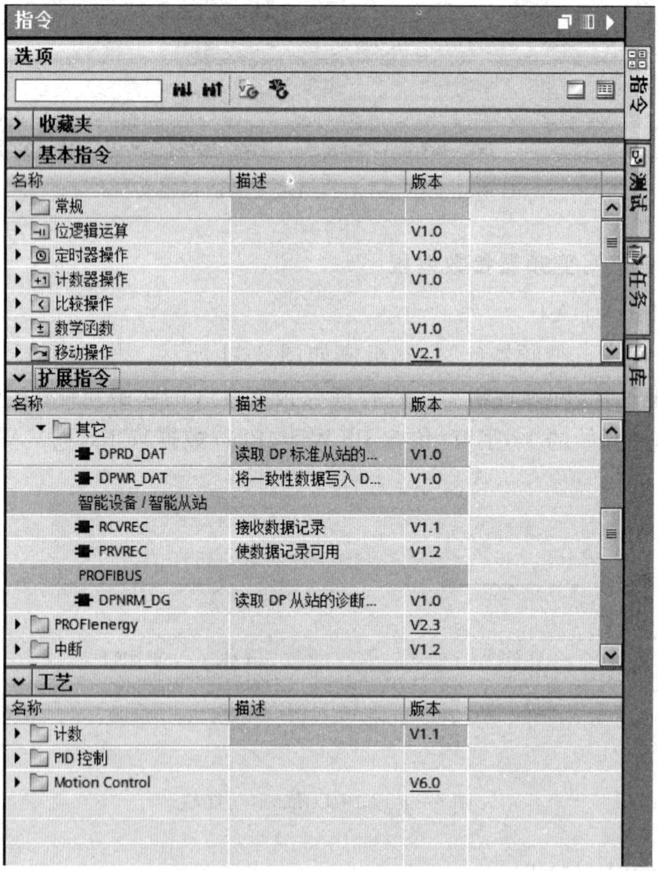

图 6-36　添加指令

为系统功能 DPRD_DAT、DPWR_DAT 分配硬件标识符,单击块参数 LADDR,在下拉列表中选择"SINAMICS-G120-CU240E-2PN～驱动_1-西门子报文 353_PKW＋PZD-2_2",如图 6-37 所示。

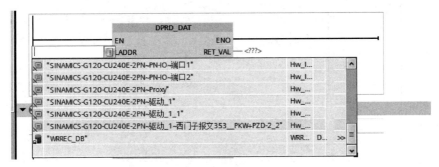

图 6-37　分配硬件标识符

为系统功能 DPRD_DAT、DPWR_DAT 分配其他参数,DPRD_DAT 读取缓冲区从 MB100 开始的 12 字节,DPWR_DAT 发送缓冲区从 MB200 开始的 12 字节,也可以使用 DB 块作为缓冲区,如图 6-38 所示。

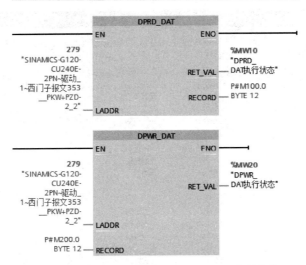

图 6-38　为 DPRD_DAT、DPWR_DAT 分配参数

程序如图 6-39 所示。在程序中调用功能块 DPRD_DAT 和 DPWR_DAT,LADDR 都选择标准报文 353,DPRD_DAT 和 DPWR_DAT 的执行状态分别写入 MW10 和 MW20,读变频器应答的地址从 M100.0 开始的 12 字节,写变频器请求的地址从 M200.0 开始的 12 字节,触发信号由 M0.0 控制,程序编写完成后下载到 PLC 中。

4)系统运行及调试

打开监控表,列出开始位 M0.0,DPRD_DAT 和 DPWR_DAT 的执行状态 MW10 和 MW20,以及应答的六字 MW200/MW202/MW204/MW206/MW208/MW210 和请求的 6 字 MW100/MW102/MW104/MW106/MW108/MW110,变量表如图 6-40 所示。

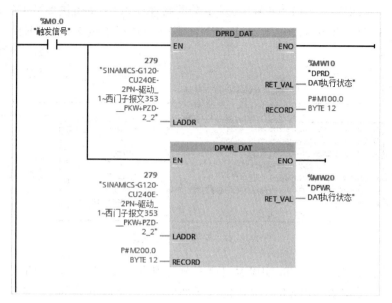

图 6-39 读、写变频器参数程序

DEMO2 ▸ PLC_1 [CPU 1214C DC/DC/DC] ▸ 监控与强制表 ▸ 监控表_1

	i	名称	地址	显示格式	监视值	修改值	ϟ
1		"触发信号"	%M0.0	布尔型		TRUE	☑ !
2		"DPRD_DAT执行状态"	%MW10	带符号十进制			☐
3		"DPWR_DAT执行状态"	%MW20	带符号十进制			☐
4			%MW200	十六进制		16#83E9	☑ !
5			%MW202	十六进制		16#0000	☑ !
6			%MW204	十六进制		16#0000	☑ !
7			%MW206	十六进制		16#03E8	☑ !
8			%MD204	浮点数			☐
9			%MW208	十六进制			☐
10			%MW210	十六进制			☐
11			%MW100	十六进制			☐
12			%MW102	十六进制			☐
13			%MW104	十六进制			☐
14			%MW106	十六进制			☐
15			%MD104	浮点数			☐
16			%MW108	二进制			☐
17			%MW110	十六进制			☐
18			<添加>				☐

图 6-40 变量监控表

进行读、写变频器参数的调试。例如,修改自动重启模式 P1210 的值为 26。自动重启模式在出厂设置中被禁用(P1210=0)。要通过“给出 ON 指令应答所有的故障并重新上电”来激活自动重启,必须设置 P1210=26。

操作：写参数 P1210

由于写参数任务 ID 为 7,因此 PKE 位 12～15 为 7；PKE 位 11 常为 0；由于参数号 1210 小于 2000,PNU 等于参数号,因此 PKE 位 0～10 为 4BA(Hex)即 1210；由于参数没有子索引,因此 IND 位 8～15 为 0；由于参数号小于 2000,分区索引为 0,即 IND 位 0～7 为

0；PWE 为参数值，PWE2 中的位 0～7 为 1A(Hex)即 26，PWE2 高 8 位和 PWE1 为 0。

在监控表中，设置 MW200 为 74BA(Hex)，设置 MW202 为 0(Hex)，设置 MW204 为 0 (Hex)，设置 MW206 为 001A(Hex)。可以在在线访问变频器参数中看到，此时 P1210 的值已经被修改为 26，如图 6-41 所示。

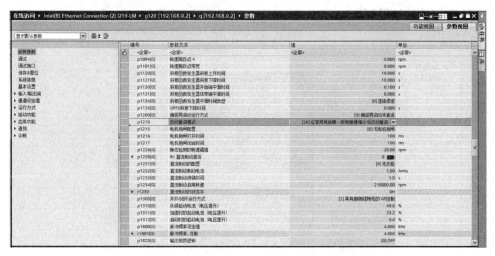

图 6-41 修改 P1210

读取参考转速设置参数 P2000 的值。由于请求参数任务 ID 为 6，因此 PKE 位 12～15 为 6；PKE 位 11 常为 0；由于参数号为 P2000，PNU 等于参数号减 2000，因此 PKE 位 0～10 为 0(Hex)；由于参数没有子索引，因此 IND 位 8～15 为 0；由于参数号在 2000～3999 之间，分区索引为 80(Hex)，即 IND 位 0～7 为 80(Hex)。因此在监控表中，设置 MW200 为 6000(Hex)，设置 MW202 为 0080(Hex)，如图 6-42 和图 6-43 所示。可以看到读出的参数值为 1400。

操作：读取
参数 P2000

图 6-42 读取 P2000

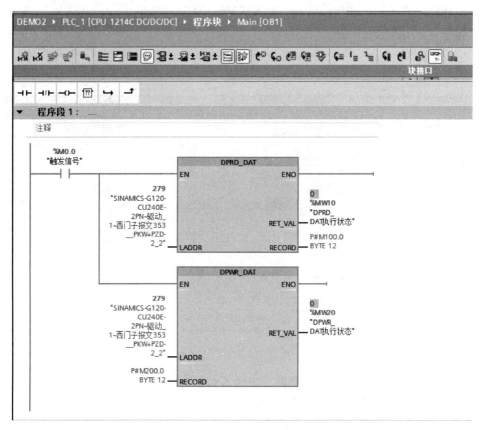

图 6-43   运行结果

6.3.4　非周期性通信读写 G120 变频器参数

本任务介绍通过非周期性通信读写多个变频器参数。

1. 组态通信报文

与周期性通信不同,非周期性通信与所选择的报文结构无关,选择任何一种报文格式都可以进行非周期性通信。在使用系统功能 RDREC 和 WRREC 读、写变频器数据记录时,需要使用报文标识符。本任务以组态 353 报文为例。

建立 S7-1200 与 G120 变频器的 PROFINET 通信,将硬件目录中"SIEMENS telegram 353,PKW＋PZD-2/2"模块拖曳到"设备概览"视图的插槽中,系统自动分配了输入/输出地址,PKW 的输入地址为 IB68～IB75,输出地址为 QB64～QB71,PZD 的输入地址为 IW76、IW78,输出地址为 QW72、QW74。

2. 非周期性通信读写变频器参数编程

在 S7-1200 中调用扩展指令 RDREC 读取 G120 数据记录区,调用扩展指令 WRREC,写入 G120 数据记录区。

双击项目树下的 Main(OB1)打开 OB1 程序编辑窗口;扩展指令目录中"分布式 I/O→RDREC 和 WRREC"指令拖曳到程序编辑窗口中;分别指定"RDREC 和 WRREC"的实例

数据块,可使用系统自动分配,单击"确定"按钮,如图 6-44 所示。

图 6-44　添加 RDREC 和 WRREC 指令

添加指令完成后,为系统功能 RDREC 和 WRREC 分配硬件标识符。单击块参数 ID;在其下拉列表中选择"SINAMICS-G120-CU240E-2PN～驱动_1-西门子报文 353_PKW+PZD-2_2",如图 6-45 所示。

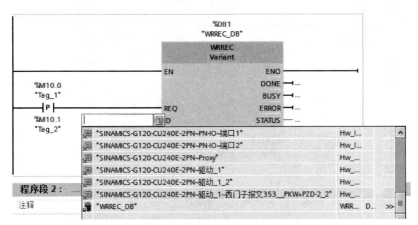

图 6-45　分配硬件标识符

分配硬件标识符完成后,需要为系统功能 RDREC 和 WRREC 分配其他参数,块参数 INDEX 为固定值 47。在本任务中,设置 M10.0 上升沿触发写参数任务,M20.0 上升沿触发读参数任务,WRREC 写入缓冲区从 MB100 开始的 40 字节,RDREC 读取缓冲区从 MB200 开始的 40 字节,并分配其他参数。写参数任务和读参数任务程序如图 6-46 和图 6-47 所示。也可以使用 DB 块作为缓冲区,创建 DB 块时,将块访问模式定义为"标准-与 S7-300/400 兼容"模式。

3. 读参数

编程完成后,通过非周期性通信读取参数 P2900 和 r2902.2～r2902.5 参数值。打开监控表,在监控表中列出读取参数相关的参数请求和参数应答变量。

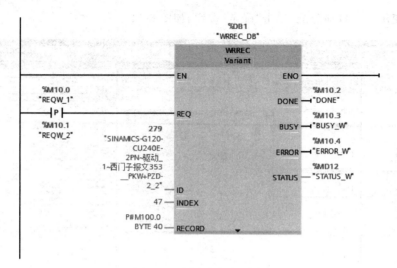

图 6-46　写参数任务程序

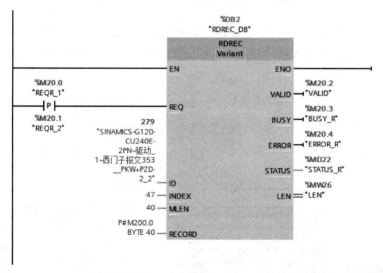

图 6-47　读参数任务程序

在读参数请求中,在监控表列出执行系统功能块的变量 M10.0,列出写请求的变量 MW100~MW114 共 8 字,并列出写请求的状态 MD12,MD12 指示 WRREC 指令执行状态。

在读参数应答中,在监控表列出执行系统功能块的变量 M20.0,列出读参数应答的变量,读参数应答数据格式见表 6-14。为方便查看读取的参数值,将参数值部分用浮点数表示,即在参数表中列出 MW200~MW202(报文头)、MW204(参数 1 数据格式及参数值数量)、MD206(P2900 参数值)、MW210(参数 2 数据格式及参数值数量)、MD212(r2902.2 参数值)、MD216(r2902.3 参数值)、MD220(r2902.4 参数值)、MD224(r2902.5 参数值);并列出读应答的状态 MD22,MD22 指示 RDREC 指令执行状态。

监控表完成后,发送读参数请求数据,发送的数据参考"表 6-13 读参数请求",按照读参数请求的数据结构,将对应数据分别写入 WRREC 数据缓冲区 MW100~MW114 中,设置

M10.0＝1,启动 WRREC 发送读参数请求任务。

发送参数请求完成后,设置 M20.0＝1,启动 RDREC 读参数应答。按照读参数应答的结构,对收到的应答进行数据分析。读取到的参数值为:P2900＝0.0,r2902.2＝10.0,r2902.3＝20.0,r2902.4＝50.0,r2902.5＝100.0。

4. 写参数

编程完成后,通过非周期性通信写参数 P2900 和 P2901,设置 P2900 为 11,设置 P2901为 22。打开监控表,在监控表中列出写参数相关的参数请求和参数应答变量。

在写参数请求中,在监控表列出执行系统功能块的变量 M10.0;列出写参数请求的变量,写参数请求数据格式见表 6-15。为方便设置参数值,将两个参数的参数值部分用浮点数表示,即在参数表中列出 MW100～MW102(报文头)、MW104～MW108(参数 1 定位)、MW110～MW114(参数 2 定位)、MW116(参数 1 数据格式及参数值数量)、MD118(写入参数 1 的参数值)、MW122(参数 2 数据格式及参数值数量)、MD124(写入参数 2 的参数值),并列出 WRREC 指令执行状态 MD12。

在写参数应答中,在监控表列出执行系统功能块的变量 M20.0;列出写参数应答的变量,包括 MW200(请求参考映射和应答 ID)、MW202(驱动对象 ID 映射和参数数量),并列出 RDREC 指令执行状态 MD22。

监控表完成后,发送写参数请求数据,发送的数据参考"表 6-15 写参数请求",按照写参数请求的数据结构,将对应数据分别写入 WRREC 数据缓冲区 MW100～MW126 中,设置M10.0＝1,启动 WRREC 发送写参数请求任务。

发送参数请求完成后,设置 M20.0＝1,启动 RDREC 读取写参数应答。按照写参数应答的结构,对收到的应答进行分析。进入参数界面,查看对应的参数值,可以看出参数P2900 已被设置为 11,参数 P2901 已被设置为 22。

任务 6.4　基于 PN 控制的行车变频系统设计及调试

本任务采用工业以太网及 PN 通信的方式,设计行车变频系统的网络架构及电气接线图,在博途软件中建立系统的变量表,并进行 PLC 编程及调试。

6.4.1　系统网络架构及电气连接

任务 5.3 介绍了 PLC 通过 I/O 接口控制行车变频系统的设计及调试。G120 变频器的CU240E-2 PN 控制单元自带了 RJ45 接口,因此可以很方便地采用工业以太网与 PLC 的CPU1214C DC/DC/DC 模块进行联网,并通过 PN 通信协议进行数据交换,实现系统的监控功能。

1. 系统的网络架构

G120 变频器与 S7-1200 PLC 的网络连接如图 6-48 所示。

2. 系统 I/O 信号的电气连接

按照表 2-1 所示的行车变频系统 I/O 信号表,对升降电机变频控制系统进行电气连接设计。本设计以一台升降电机为例。

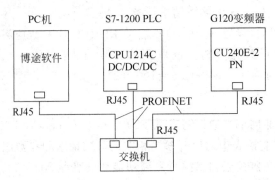

图 6-48　G120 变频器与 S7-1200 PLC 的网络连接图

　　凸轮控制器开关组、系统启停开关、故障复位开关、限位开关与 S7-1200 PLC 的数字量输入端子相连,运行指示灯、故障指示灯、抱闸中间继电器线圈与数字量输出端子相连,如图 6-49 所示。图中指定了所有外接元件的 DI 和 DO 地址,并标明了 PLC 与变频器之间通过 PN 进行通信。

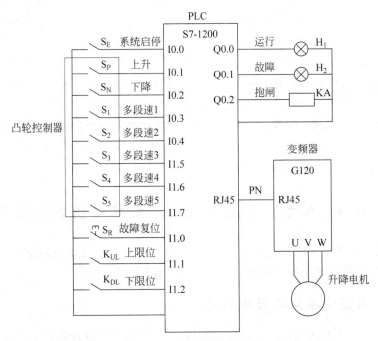

图 6-49　系统 I/O 信号的电气接线图

6.4.2　系统变量设计

　　根据系统电气接线图以及 S7-1200 PLC 和 G120 变频器通信的需要,在博途软件中构建如下的系统变量表。

1. PLC 的 I/O 变量

　　PLC 与外接设备或元件连接的变量见表 6-17。

表 6-17　PLC 的 I/O 变量表

序号	变量名称	数据类型	地址	功 能 说 明
1	系统启停开关	bool	I0.0	系统启动停止开关 S_E，旋钮方式
2	上升开关	bool	I0.1	凸轮控制器上升开关 S_P，升降小车上升
3	下降开关	bool	I0.2	凸轮控制器下降开关 S_N，升降小车下降
4	多段速 1 开关	bool	I0.3	凸轮控制器多段速 1 选择开关 S_1
5	多段速 2 开关	bool	I0.4	凸轮控制器多段速 2 选择开关 S_2
6	多段速 3 开关	bool	I0.5	凸轮控制器多段速 3 选择开关 S_3
7	多段速 4 开关	bool	I0.6	凸轮控制器多段速 4 选择开关 S_4
8	多段速 5 开关	bool	I0.7	凸轮控制器多段速 5 选择开关 S_5
9	故障复位开关	bool	I1.0	变频器故障复位开关 S_R，点动方式
10	上限位开关	bool	I1.1	升降电机上限位开关 K_{UL}
11	下限位开关	bool	I1.2	升降电机下限位开关 K_{DL}
12	运行输出	bool	Q0.0	变频器运行状态输出，连接指示灯 H_1
13	故障输出	bool	Q0.1	变频器故障信号输出，连接指示灯 H_2
14	抱闸输出	bool	Q0.2	抱闸控制输出，连接中间继电器 KA 线圈

2. PLC 与变频器 PN 通信的变量

S7-1200 PLC 和 G120 变频器之间的 PN 通信采用标准报文 1，对于 PLC 控制一台 G120 变频器的情况，默认设置发送区占用 QB64～QB67 四个过程映像输出区字节，接收区占用 IB68～IB71 四个过程映像输入区字节；对于变频器而言发送区和接收区正好相反。这两个地址区在博途软件中是可以修改的，即如果一台 PLC 控制多台 G120 变频器，其发送区和接收区应设置为不同的输入/输出缓冲区地址。本项目涉及的 PLC 与变频器之间数据交换的输入/输出变量见表 6-18。

表 6-18　PLC 与变频器 PN 通信主要变量表

序号	变量名称	数据类型	地址	功 能 说 明
1	控制字	word	QW64	16 位控制字
2	给定速度	int	QW66	16 位给定速度
3	使能控制	bool	Q65.0	使能控制
4	正反转控制	bool	Q64.3	正反转控制
5	故障复位	bool	Q65.7	故障复位控制
6	状态字	word	IW68	状态字
7	运行速度反馈	int	IW70	运行速度反馈
8	运行状态反馈	bool	I69.1	运行状态
9	故障状态反馈	bool	I69.3	故障状态
10	报警状态反馈	bool	I69.7	报警状态
11	正向状态反馈	bool	I68.6	正向状态

3. 多段速的速度值变量

行车变频系统采用多段速控制方式，一种简单的方法是在 PLC 的数据块中定义多段速的设置值，这些数值可以通过人机界面方便地修改。对于一台 PLC 控制多个行车变频系统的情况,对不同的升降电机只要分别设置相应的多段速数据块即可。表 6-19 所示为多段速的速度值变量表。

表 6-19　多段速的速度值变量表

序号	变量名称	数据类型	功能说明
1	多段速 1 速度值	int	升降电机以多段速 1 上升或下降
2	多段速 2 速度值	int	升降电机以多段速 2 上升或下降
3	多段速 3 速度值	int	升降电机以多段速 3 上升或下降
4	多段速 4 速度值	int	升降电机以多段速 4 上升或下降
5	多段速 5 速度值	int	升降电机以多段速 5 上升或下降

6.4.3　系统编程及调试

打开博途软件,创建新项目,依次添加 S7-1200 CPU1214C DC/DC/DC 和 G120 变频器,分配设备名称和 IP 地址,组态变频器报文并进行变频器配置,完成 S7-1200 PLC 与 G120 变频器的网络连接,如图 6-50 所示。详细步骤请参考"6.2.2 建立 S7-1200 PLC 与 G120 变频器硬件及网络组态"。

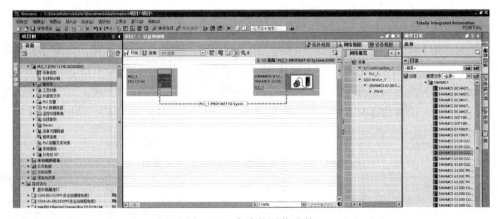

图 6-50　完成的网络连接

组态变频器报文时,使用"标准报文 1,PZD-2/2",系统自动分配输入地址,可根据需要修改输入/输出地址,如图 6-51 所示。S7-1200 PLC 通过 PROFINET PZD 通信方式将控制字和主设定值周期性地发送至变频器,变频器将状态字和实际转速周期性地发送到 S7-1200 PLC。

在博途环境中采用结构化编程的方法,编写系统的监控程序。

1. 启动组织块编程

单击程序块目录树下的添加新块,创建启动组织块 Startup(OB100),如图 6-52 所示。启动组织块将在 PLC 的工作模式从 STOP 切换为 RUN 时执行一次,完成后将开始执行主循环程序组织块 OB1。对行车变频系统,启动 PLC 时需将控制字 16♯047E 传送到 QW64,使变频器处于运行准备就绪状态;同时抱闸输出置 0,中间继电器 KA 不通电,使 KA 常开触点连接的电机抱闸线圈处于不通电状态。打开 OB100,如图 6-53 所示编制程序。

图 6-51　组态报文并修改输入/输出地址

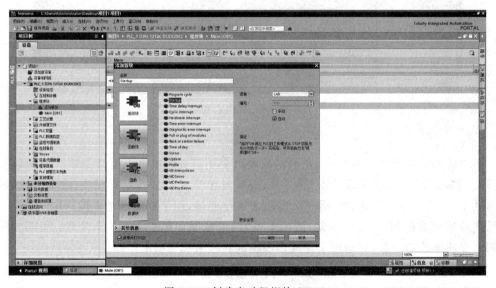

图 6-52　创建启动组织块 Startup

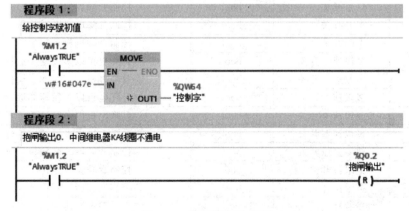

图 6-53　启动组织块程序

2. PLC 发送信号控制变频器的编程

采用函数块实现 PLC 发送信号控制变频器的功能。操作步骤如下。

1) 建立函数块

双击添加新块项，创建函数块"PLC 控制变频器"，默认为 FB1，控制变频器使能、正反转及速度转换等功能，如图 6-54 所示。

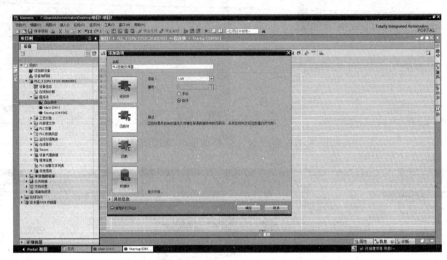

图 6-54   创建函数块"PLC 控制变频器"

2) 定义接口变量

函数块的变量接口见表 6-20，在该函数块的变量定义区域进行定义。输入变量包括启停开关、上升/下降开关、多段速 1~5 开关、故障复位开关、上/下限位开关、参考转速、抱闸转速共 13 个变量；静态变量包括 5 个多段速速度变量，用于存放 5 个多段速度；输出变量包括变频器使能控制、正反转控制、故障复位、给定速度和抱闸输出 5 个变量；局部变量包括两个多段速临时变量，分别用于存放多段速的转速值和转换的中间值。

表 6-20   功能"PLC 控制变频器"变量接口表

类型	变 量 名 称	数 据 类 型	功 能 说 明
input	启停开关	bool	控制变频器启停
input	上升开关	bool	控制升降电机上升运行
input	下降开关	bool	控制升降电机下降运行
input	多段速 1 开关	bool	升降电机以多段速 1 运行
input	多段速 2 开关	bool	升降电机以多段速 2 运行
input	多段速 3 开关	bool	升降电机以多段速 3 运行
input	多段速 4 开关	bool	升降电机以多段速 4 运行
input	多段速 5 开关	bool	升降电机以多段速 5 运行
input	故障复位开关	bool	控制变频器故障复位
input	上限位开关	bool	控制变频器上限位
input	下限位开关	bool	控制变频器下限位
input	参考转速	int	设置参考转速 P2000
input	抱闸转速	int	设置抱闸最低转速

续表

类型	变量名称	数据类型	功能说明
static	多段速 1 速度	int	多段速 1 速度设置值
static	多段速 2 速度	int	多段速 2 速度设置值
static	多段速 3 速度	int	多段速 3 速度设置值
static	多段速 4 速度	int	多段速 4 速度设置值
static	多段速 5 速度	int	多段速 5 速度设置值
output	使能控制	bool	控制变频器使能
output	正反转	bool	控制变频器正反转
output	故障复位	bool	控制变频器故障复位
output	给定速度	bool	变频器给定速度
output	抱闸输出	bool	升降电机抱闸信号输出
temp	多段速临时 1	int	存放多段速转换值
temp	多段速临时 2	real	存放多段速临时值

3）编写程序

控制变频器使能、正反转和故障复位的程序如图 6-55 所示。

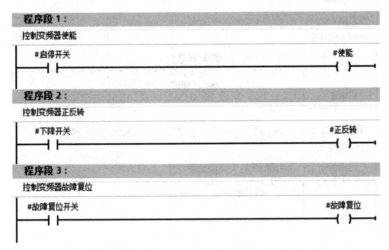

图 6-55　变频器使能、正反转和故障复位

变频器多段速 1～5 正向速度设置的程序如图 6-56 所示,速度值存放在临时变量"♯多段速临时 1"中。

上升开关和上限位开关均闭合时,或下降开关和下限位开关均闭合时,或凸轮控制器处于 0 位,即上升开关和下降开关均打开时,临时变量"♯多段速临时 1"设置为 0,程序如图 6-57 所示。

将图 6-56 和图 6-57 得到的"♯多段速临时 1"进行数值转换,即经过标准化指令 NORM_X 和缩放指令 SCALE_X 转换为带符号的 16 位整数,作为变频器的给定速度,如图 6-58 所示。

当速度小于或等于抱闸转速时,抱闸启动,速度大于抱闸转速时,抱闸松开,程序如图 6-59 所示。

演示：速度设定值的标准化

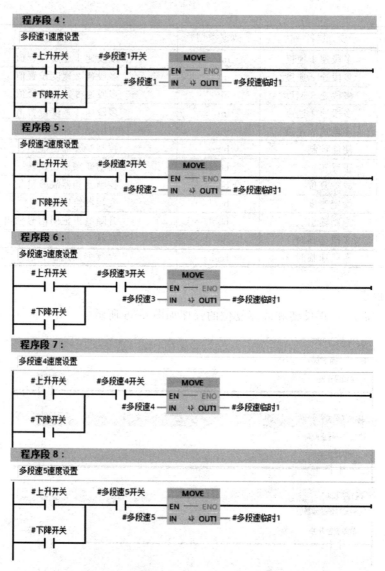

图 6-56　变频器多段速 1～5 正向速度设置

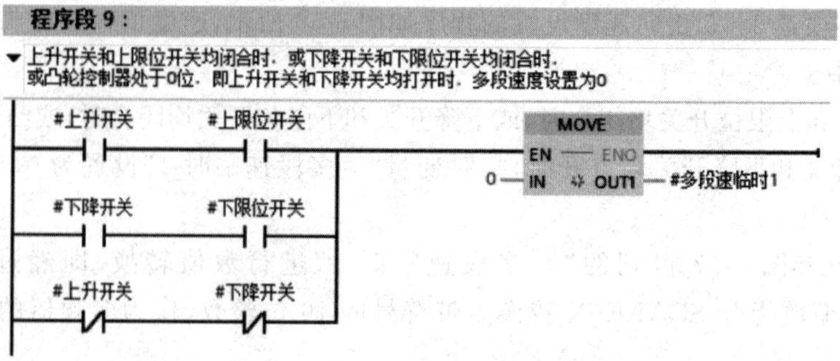

图 6-57　上升开关和上限位开关均闭合时速度设置

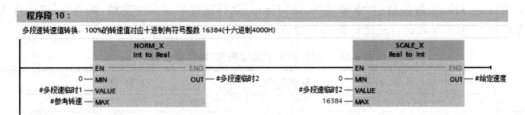

图 6-58　多段速转速值转换

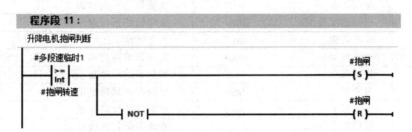

图 6-59　升降电机抱闸判断

3. PLC 读取变频器反馈信号的编程

采用函数实现 PLC 读取变频器反馈信号的功能。操作步骤如下。

1）建立函数

双击添加新块项，创建函数"PLC 监测变频器"，默认为 FC1，读取变频器状态反馈及运行速度反馈等功能，如图 6-60 所示。

图 6-60　创建函数"PLC 监测变频器"

2）定义接口变量

函数的接口变量见表 6-21，在该函数的变量定义区域一一定义。其中输入变量包括运行状态、故障状态、报警状态、反向状态、运行速度反馈、参考转速 6 个变量，输出（output）变量包括运行指示、故障指示、报警显示、反向显示、运行速度显示 5 个变量,局部变量"运行速度临时 1"用于存放运行速度计算的临时值。

表 6-21　功能"PLC 监测变频器"接口变量表

类　　型	变 量 名 称	数据类型	功 能 说 明
input	运行状态	bool	变频器的运行状态
input	故障状态	bool	变频器的故障状态
input	报警状态	bool	变频器的报警状态
input	反向状态	bool	变频器的反向状态
input	运行速度反馈	int	变频器的运行速度反馈
input	参考转速	int	参考转速 P2000
output	运行指示	bool	变频器的运行指示,连接 H_1 指示灯
output	故障指示	bool	变频器的故障指示,连接 H_2 指示灯
output	报警显示	bool	变频器的报警显示
output	反向显示	bool	变频器的反向显示
output	运行速度显示	int	变频器运行速度显示
temp	运行速度临时 1	real	存放运行速度临时值

3)编写程序

状态反馈程序包括运行状态、故障状态、报警状态和反向状态四个信号的反馈,如图 6-61 所示。

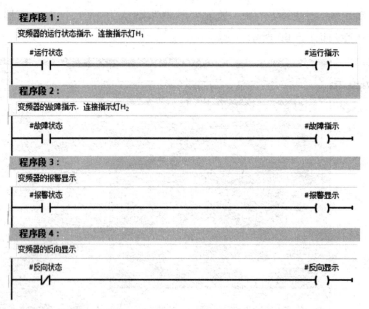

图 6-61　变频器状态反馈程序

演示:速度反馈值的标准化

变频器运行速度反馈的实际转速值为带符号的 16 位整数,经过标准化指令 NORM_X 和缩放指令 SCALE_X,转换为单位为 r/min 的转速值,提供给人机界面等设备读取。转换程序如图 6-62 所示。

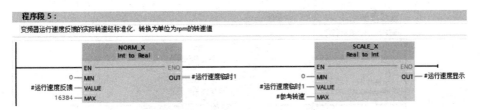

图 6-62　运行速度反馈的转换程序

4. 定义变量

参照表 6-20 和表 6-21,在 PLC 变量文件夹下的默认变量表建立变量,如图 6-63 所示。

		名称	数据类型	地址 ▲	保持	可从 …	从 H…	在 H…	注释
1		系统启停开关	Bool	%I0.0		☑	☑	☑	系统启动停止开关SE, 旋钮方式
2		上升开关	Bool	%I0.1		☑	☑	☑	凸轮控制器上升开关SP, 升降小车上…
3		下降开关	Bool	%I0.2		☑	☑	☑	凸轮控制器下降开关SN, 升降小车…
4		多段速1开关	Bool	%I0.3		☑	☑	☑	凸轮控制器多段速1选择开关S1
5		多段速2开关	Bool	%I0.4		☑	☑	☑	凸轮控制器多段速2选择开关S2
6		多段速3开关	Bool	%I0.5		☑	☑	☑	凸轮控制器多段速3选择开关S3
7		多段速4开关	Bool	%I0.6		☑	☑	☑	凸轮控制器多段速4选择开关S4
8		多段速5开关	Bool	%I0.7		☑	☑	☑	凸轮控制器多段速5选择开关S5
9		故障复位开关	Bool	%I1.0		☑	☑	☑	变频器故障复位开关SR, 点动方式
10		上限位开关	Bool	%I1.1		☑	☑	☑	升降电机上限位开关KUL
11		下限位开关	Bool	%I1.2		☑	☑	☑	升降电机下限位开关KDL
12		反向状态反馈	Bool	%I68.6		☑	☑	☑	变频器反向运行状态反馈
13		运行状态反馈	Bool	%I69.1		☑	☑	☑	变频器运行状态反馈
14		故障状态反馈	Bool	%I69.3		☑	☑	☑	变频器故障状态反馈
15		报警状态反馈	Bool	%I69.7		☑	☑	☑	变频器报警状态反馈
16		运行速度反馈	Int	%IW70		☑	☑	☑	变频器运行速度反馈
17		运行指示	Bool	%Q0.0		☑	☑	☑	变频器运行状态输出, 连接指示灯H1
18		故障指示	Bool	%Q0.1		☑	☑	☑	变频器故障信号输出, 连接指示灯H2
19		抱闸输出	Bool	%Q0.2		☑	☑	☑	抱闸控制输出, 连接中间继电器KA…
20		控制字	Word	%QW64		☑	☑	☑	变频器控制字
21		正反转控制	Bool	%Q64.3		☑	☑	☑	变频器正反转控制
22		使能控制	Bool	%Q65.0		☑	☑	☑	变频器使能控制
23		故障复位	Bool	%Q65.7		☑	☑	☑	变频器故障复位控制
24		给定速度	Int	%QW66		☑	☑	☑	变频器给定速度
25		System_Byte	Byte	%MB1		☑	☑	☑	
26		FirstScan	Bool	%M1.0		☑	☑	☑	
27		DiagStatusUpdate	Bool	%M1.1		☑	☑	☑	
28		AlwaysTRUE	Bool	%M1.2		☑	☑	☑	
29		AlwaysFALSE	Bool	%M1.3		☑	☑	☑	
30		系统远程启停	Bool	%M10.0		☑	☑	☑	系统远程启停
31		故障远程复位	Bool	%M10.1		☑	☑	☑	故障远程复位
32		报警显示	Bool	%M11.0		☑	☑	☑	变频器报警显示
33		反向显示	Bool	%M11.1		☑	☑	☑	变频器反向显示
34		运行速度显示	Int	%MW12		☑	☑	☑	变频器运行速度显示

图 6-63　建立系统变量

5. 主程序编程

在主程序 Main(OB1)中调用函数块"PLC 控制变频器[FB1]",指定输入输出接口调用参数,并创建实例数据块"PLC 控制变频器_DB[DB1]",如图 6-64 所示。其中,系统远程启停、故障远程复位为人机界面远程控制信号,其他均为本地信号。

本项目升降电机的额定转速为 1400r/min,因此参考转速设为 1400r/min,抱闸转速设为 56r/min,对应 2Hz。

调用函数"PLC 监测变频器[FC1]",指定输入输出调用参数,如图 6-65 所示。其中,"运行指示"Q0.0、"故障指示"Q0.1 连接了本地指示灯,所有输出信号均可用作人机界面设备的远程监视。

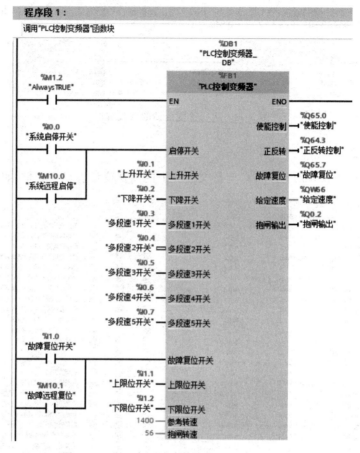

图 6-64　OB1 中调用函数块"PLC 控制变频器"

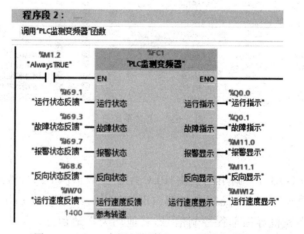

图 6-65　OB1 中调用函数"PLC 监测变频器"

　　以上是一台变频器驱动行车升降电机的监控程序。如果有多台行车的多台变频器需要监控,只要多次调用函数块"PLC 控制变频器"和函数"PLC 监测变频器",并指定相应的输入输出参数,调用函数块时还需指定不同的实例数据块,以存放电机运行参数,尤其是多段速的设置值。

6. 系统调试

在进行系统调试前,按图 6-49 所示检查 S7-1200 PLC 与 G120 变频器的电气接线,保证连线正确。

在博途软件中检查 PLC 程序编辑正确,且编译、下载无错误。

采用在线监视的方式对系统功能进行调试,也可结合监控表一起进行调试。单击程序编辑器工具栏中的按钮 ,系统进入程序状态监视方式。

1) PLC 控制变频器

系统启停开关闭合(I0.0＝TRUE),使能控制 Q65.0 变为 TRUE,变频器启动。

以凸轮控制器上升开关闭合(I0.1＝TRUE)且多段速 2 开关闭合(I0.4＝TRUE)为例,正反转 Q64.3 为 FALSE,变频器以 500r/min(对应给定速度 5851)正转,抱闸输出 Q0.2 为 TRUE,程序状态监视如图 6-66 所示。可以在实例数据块 DB1 监视数据的变化,如图 6-67 所示。也可以在变量监控表或变量表中在线监控变量的值。

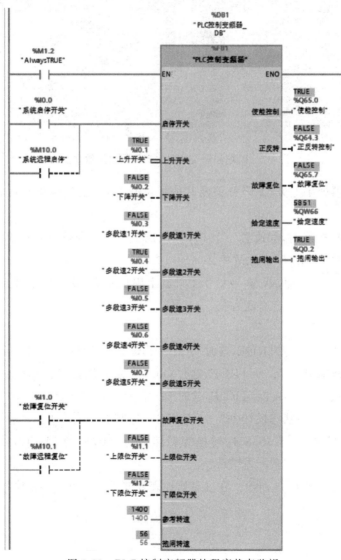

图 6-66　PLC 控制变频器的程序状态监视

项目1 ▸ plc1200 [CPU 1214C DC/DC/DC] ▸ 程序块 ▸ PLC控制变频器_DB [DB1]

保持实际值 快照 将快照值复制到起始值中 将起始值加载为实际值

PLC控制变频器_DB

	名称	数据类型	偏移量	起始值	监视值	保持	可从 HMI/...	从 H...	在 HMI ...	设定值	注释
1	▼ Input					☐	☐	☐	☐	☐	
2	启停开关	Bool	0.0	false	TRUE	☐	☑	☑	☑	☐	控制变频器启停
3	上升开关	Bool	0.1	false	TRUE	☐	☑	☑	☑	☐	控制升降电机上升运行
4	下降开关	Bool	0.2	false	FALSE	☐	☑	☑	☑	☐	控制升降电机下降运行
5	多段速1开关	Bool	0.3	false	FALSE	☐	☑	☑	☑	☐	升降电机以多段速1运行
6	多段速2开关	Bool	0.4	false	TRUE	☐	☑	☑	☑	☐	升降电机以多段速2运行
7	多段速3开关	Bool	0.5	false	FALSE	☐	☑	☑	☑	☐	升降电机以多段速3运行
8	多段速4开关	Bool	0.6	false	FALSE	☐	☑	☑	☑	☐	升降电机以多段速4运行
9	多段速5开关	Bool	0.7	false	FALSE	☐	☑	☑	☑	☐	升降电机以多段速5运行
10	故障复位开关	Bool	1.0	false	FALSE	☐	☑	☑	☑	☐	控制变频器故障复位
11	上限位开关	Bool	1.1	false	FALSE	☐	☑	☑	☑	☐	升降电机上限位开关
12	下限位开关	Bool	1.2	false	FALSE	☐	☑	☑	☑	☐	升降电机下限位开关
13	参考转速	Int	2.0	1400	1400	☐	☑	☑	☑	☐	设置参考转速P2000
14	抱闸转速	Int	4.0	56	56	☐	☑	☑	☑	☐	设置抱闸最低转速
15	▼ Output					☐	☐	☐	☐	☐	
16	使能控制	Bool	6.0	false	TRUE	☐	☑	☑	☑	☐	控制变频器使能
17	正反转	Bool	6.1	false	FALSE	☐	☑	☑	☑	☐	控制变频器正反转
18	故障复位	Bool	6.2	false	FALSE	☐	☑	☑	☑	☐	控制变频器故障复位
19	给定速度	Int	8.0	0	5851	☐	☑	☑	☑	☐	变频器速度给定
20	抱闸输出	Bool	10.0	false	TRUE	☐	☑	☑	☑	☐	控制升降电机抱闸
21	InOut					☐	☐	☐	☐	☐	
22	▼ Static					☐	☐	☐	☐	☐	
23	多段速1	Int	12.0	200	200	☐	☑	☑	☑	☐	多段速1速度设置值
24	多段速2	Int	14.0	500	500	☐	☑	☑	☑	☐	多段速2速度设置值
25	多段速3	Int	16.0	800	800	☐	☑	☑	☑	☐	多段速3速度设置值
26	多段速4	Int	18.0	1100	1100	☐	☑	☑	☑	☐	多段速4速度设置值
27	多段速5	Int	20.0	1400	1400	☐	☑	☑	☑	☐	多段速5速度设置值

图 6-67　PLC 控制变频器的实例数据块数据监视

当凸轮控制器处于上升/下降开关及其他挡位开关时，正反转及变频器速度信号相应变化。

当变频器出现故障时，如设置一个 PN 网线插拔引起的通信故障错误，当网线复位后，可按故障复位开关 S_R(I1.0)消除故障。

当凸轮控制器处于 0 位状态，或处于上升且上限位状态，或处于下降且下限位状态，抱闸输出 Q0.2 为低电平，给定速度为 0。

2）PLC 监测变频器

变频器运行时，I69.0＝TRUE，这时 Q0.0＝TRUE，运行指示灯 H_1 点亮。

变频器出现故障时，I69.3＝TRUE，这时 Q0.1＝TRUE，故障指示灯 H_2 点亮。

变频器出现报警时，I69.7＝TRUE，这时 M11.0＝TRUE。

变频器反转时，正向状态反馈 I68.6＝FALSE，这时 M11.0＝TRUE。

运行速度反馈 IW70＝－5851，转换为转速值－500，放到 MW12，供人机界面接口读取。

程序状态监视如图 6-68 所示。在变量监控表或变量表中可以在线监控变量的值。

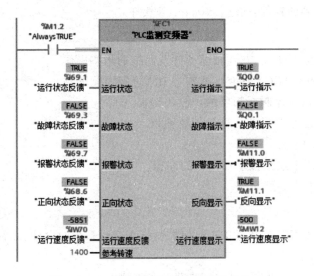

图 6-68　PLC 监测变频器的程序状态监视

项 目 报 告

1. 实训项目名称

S7-1200 PLC 通过 PN 通信控制行车变频系统。

2. 实训目的

（1）掌握 G120 变频器 PN 通信及控制字、状态字的基础知识。

（2）掌握 S7-1200 PLC 与 G120 变频器的硬件组态、编程及调试。

（3）掌握基于 PN 通信的行车变频系统的设计、编程及调试。

3. 任务与要求

（1）理解并掌握 G120 变频器 PN 通信及控制字、状态字的基本概念，能绘制 G120 变频器与 S7-1200 PLC 通信的网络连接图及 I/O 接线图。

（2）学会 S7-1200 PLC 与 G120 变频器进行 PN 通信的硬件组态、编程及调试方法。

（3）在博途中编程，实现行车变频系统功能，主要包括以下几点。

① PLC 发送信号控制变频器的编程采用函数块的方法，实现变频器远程启停、正反转及故障复位控制，将多段速 1～5 的速度设置为给定速度，并设计电机抱闸输出。

② PLC 读取变频器反馈信号的编程采用函数的方法，监测变频器的运行、故障、报警、反转状态反馈信号及运行速度反馈值。

③ 定义系统变量。

④ 采用函数块和函数调用的方法编制主程序。

⑤ 系统的调试。

4. 实训设备

本实训项目用到的硬件：G120 变频器、S7-1200 PLC、PC 机、电机等。

本实训项目用到的软件：博途、Starter 等软件。

5. 操作调试

（1）S7-1200 PLC 与 G120 变频器硬件及网络的组态操作。

（2）S7-1200 PLC 与 G120 变频器基于 PN 通信的操作。

（3）PLC 发送信号控制变频器的函数块编程。

（4）PLC 读取变频器反馈信号的函数编程。

（5）系统变量的定义。

（6）主程序调用上述函数块和函数的编程。

（7）系统运行及在线联试。

6. 实训结论

（1）总结 S7-1200 PLC 通过 PN 通信控制行车变频系统的设计、编程、组态的操作步骤及调试结论。

（2）写出完成本实训项目的体会、收获及改进建议。

7. 项目拓展

试结合行车变频系统项目，阐述采用工业以太网的好处及应掌握的关键知识点和技能点。

WinCC监控行车变频系统的设计及调试

目 标 要 求

知识目标：

(1) 掌握 WinCC 监控行车变频系统的网络控制架构及软硬件配置要求。

(2) 掌握 WinCC 组态 HMI 画面的基础知识。

(3) 掌握 WinCC 与 S7-1200 PLC 通信的基本方法。

(4) 熟练掌握 S7-1200 PLC 通过 PN 通信监控 G120 变频器的相关知识及编程技术。

(5) 掌握 WinCC 监控行车变频系统的组态及调试方法。

能力目标：

(1) 能够建立 WinCC 与 S7-1200 PLC 的通信。

(2) 能够熟练操作 S7-1200 PLC 与 G120 变频器的 PN 通信。

(3) 能够熟练操作 S7-1200 PLC 通过 PN 通信监控 G120 变频器的编程。

(4) 能够完成 WinCC 对行车变频系统监控画面的组态及动画参数设置。

(5) 能够完成 WinCC 对行车变频系统监控的综合调试。

素质目标：

(1) 通过该项目实施，培养工控机组态软件对行车变频系统进行项目设计及调试的综合能力。

(2) 培养项目实施中的资料收集、独立思考、项目计划、分析总结等能力。

(3) 树立安全意识，项目操作过程中时刻注意用电安全，严格遵守安全操作规程。

(4) 爱护工控计算机、变频器、PLC 等仪器设备，自觉做好维护和保养工作。

(5) 培养团队成员交流合作、相互配合、互相帮助的良好工作习惯。

任务 7.1　认识 WinCC 对 G120 变频器的组态监控

自动化控制领域通常使用组态软件对工业生产现场的设备和系统进行人机界面组态。组态软件就是使用灵活的组态方式,为用户提供快速构建工业自动控制系统监控功能的、通用层次的软件工具。简单地说,组态软件就像搭积木一样,为用户提供一个简捷的快速构建满足用户监控要求的操作平台,用户只需在此平台上作一些简单的二次开发,就可实现对现场信息的监视和控制功能。

7.1.1　西门子组态技术简介

微课:HMI 组态技术简介及组态监控软硬件配置

自动化领域有很多种组态软件,通常包括通用版的组态软件和用于触摸屏的嵌入式组态软件。国外著名的通用版组态软件有 iFix、WinCC、Intouch 等,国内自主品牌的有组态王、MCGS、Synall 等。嵌入式触摸屏应用最多的有昆仑通态的 MCGS 触摸屏和西门子的系列触摸屏。

通用版组态软件一般安装在工控机 IPC(industrial personal computer)上。组态软件的基本功能有两个:①数据采集,通过驱动程序直接与外部智能设备如 PLC 通信,进行数据采集;②控制,操作者通过 HMI 界面发布控制命令给 PLC,或组态软件对采集的数据进行处理和加工,自动输出信号给 PLC 等外设,达到控制的目的。

WinCC(Windows control center)是西门子公司自动化与驱动集团推出的通用版组态软件。WinCC 提供完备的组态开发环境,提供 C 语言和 VBS 语言的脚本开发工具,包括集成的组态和调试环境。WinCC 内嵌 OPC 功能,可对支持 OPC 技术的分布式系统进行组态。由于西门子公司的 S7-300/400/1200/1500 等 PLC 市场应用率高,技术上提供全面支持的 WinCC 组态软件获得了广泛的应用。

WinCC 具有以下主要功能。

(1)过程监控。作为通用型组态软件,WinCC 可实现对工业现场生产过程设备的数据采集、监视和控制,提供功能强大的人机界面接口即 HMI(human machine interface)。

(2)与 PLC 等智能设备通信。WinCC 通过设备驱动程序实现与 PLC 等设备的通信,并进而实现过程监控功能。

(3)编程方便。WinCC 组态灵活方便,画面动画效果强,可以实现复杂的输入/输出功能。

(4)报警功能。WinCC 可组态工业级报警功能,实现故障设备信息报警,及时提供设备预警信息和安排维修人员抢修。

(5)趋势功能。WinCC 提供逼真的曲线和表格功能,供值班、调度等管理部门分析设备运行状况,提供决策参考。

(6)报表功能。WinCC 提供强大的报表生成和打印功能,为过程控制提供了实用的报表工具。

(7)二次开发功能。WinCC 提供了丰富的、功能强大的二次开发功能,通过 C 或 VBS 编程,可以大大扩展现有的组态功能。

7.1.2 行车变频系统 HMI 组态监控的网络架构及配置

在项目 6 S7-1200 PLC PN 控制行车变频系统的基础上,采用上位机组态人机界面接口(HMI)的方式,对行车变频系统进行监控。具体地讲,在工控机上安装 WinCC 组态软件,对系统进行组态和远程监控。

本系统采用上下位机控制结构,其网络控制架构如图 7-1 所示。

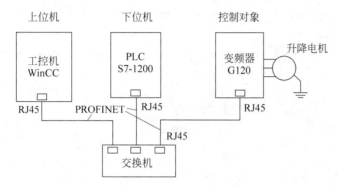

图 7-1 工控机组态监控行车变频系统的网络架构图

图中采用的硬件设备和软件平台都需支持工业以太网技术,且支持西门子公司的 PROFINET 通信协议,软硬件网络配置要求如下。

(1) 系统以工控机作为上位机,采用研华 IPC-610 工控机,主板自带 RJ45 接口,在 Windows 7、Windows 10 等操作系统中支持 PN 通信。

(2) 工控机上安装的 WinCC 组态软件需选用 WinCC 7.2 及以上版本,以支持 S7-1200 PLC 的驱动程序和 PN 通信。早期的 WinCC 版本不支持 S7-1200 PLC。

(3) 下位机采用 S7-1200 PLC 对行车变频系统进行监控,CPU 型号为 CPU1214C DC/DC/DC,自带 RJ45 接口,支持 PN 通信。

(4) 控制对象变频器采用 SINAMICS G120,控制单元为 CU240E-2 PN,自带 RJ45 接口,支持 PN 通信。

综上所述,工控机、S7-1200 PLC、G120 变频器都带有 RJ45 接口,将其接入交换机的 RJ45 接口,组成一个工业以太网网络。该网络完全支持 PROFINET(即 PN)通信协议。

具体的监控过程为:WinCC 通过专用的驱动程序、过程连接及定义在过程连接之上的变量,实现与 S7-1200 PLC 的通信和数据交换;S7-1200 PLC 通过标准报文对 G120 变频器进行控制和监视,调节行车变频系统中升降电机的运行。WinCC 与 G120 变频器之间不直接交换数据。

任务 7.2 WinCC 组态监控 S7-1200 PLC

本任务在 WinCC 软件中对 S7-1200 PLC 进行组态监控,重点介绍建立行车变频系统监控项目、WinCC 与 S7-1200 PLC 的通信等基本内容。

7.2.1　创建行车变频系统监控项目

在 WinCC 环境中进行组态开发的第一步是新建一个项目。下面介绍建立行车变频系统监控项目的步骤。

新安装的 WinCC 软件,第一次启动时会出现如图 7-2 所示创建新项目提示画面,弹出"WinCC 项目管理器"对话框,提示用户创建新项目。

微课:S7-1200 监控 G120 变频器基础及 WinCC 监控 G120 变频器设计

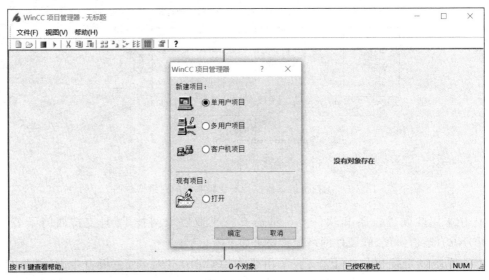

图 7-2　创建新项目提示画面

微课:建立软硬件环境和 WinCC 项目

也可在 WinCC 管理器中无当前项目的状态下,在如图 7-3 所示的菜单中选中"文件"→"新建",系统也会出现如图 7-2 所示的画面。

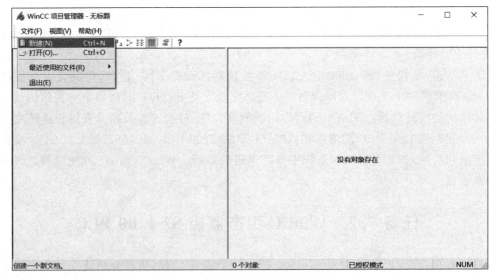

图 7-3　通过"文件"菜单新建项目

在图 7-2 中选中"单用户项目",弹出"创建新项目"对话框,如图 7-4 所示。选择项目路径,并输入项目名称(建议项目名称采用英文或拼音),新建子文件夹中的内容会自动填充。本项目的项目路径选择为 D 盘,项目名称输入为 HangChe(表示行车变频系统项目)。

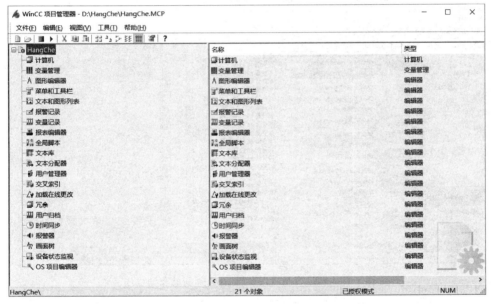

图 7-4　"创建新项目"对话框

单击"创建"按钮,系统就自动建立了 HangChe 项目,项目管理器如图 7-5 所示。

图 7-5　建好 HangChe 项目的 WinCC 管理器

7.2.2　建立 WinCC 与 S7-1200 PLC 的通信

WinCC 组态工程项目最重要的一步是建立其与外部设备的通信,在此基础上才可以进行数据的采集、监视与控制。下面详细介绍 WinCC 与 S7-1200 PLC 建立通信的步骤。

1. 添加 S7-1200 PLC 驱动程序,建立驱动程序连接

双击图 7-5 所示 WinCC 管理器左侧目录树中的"变量管理",打开"变量管理"编辑界面,如图 7-6 所示。

右击图 7-6 目录树中的"变量管理",在弹出的菜单中选中"添加新的驱动程序"项,在其子菜单显示的驱动程序列表中有"SIMATIC S7-1200,S7-1500 Channel"项,如图 7-7 所示。

微课:建立
WinCC 与
S7-1200 PLC
通信及测试

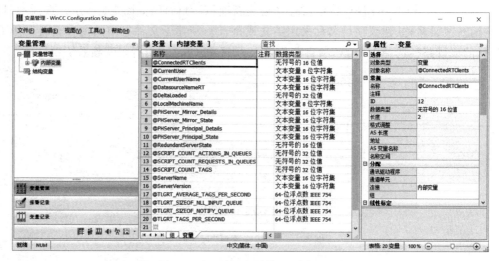

图 7-6　打开的"变量管理"编辑界面

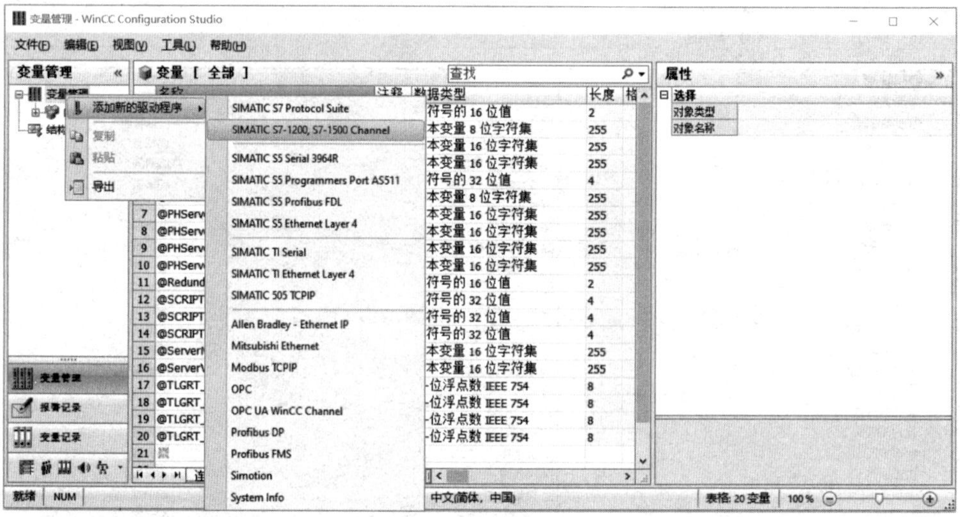

图 7-7　右击"变量管理"项选择添加新的驱动程序

选中"SIMATIC S7-1200, S7-1500 Channel"项, 在"变量管理"窗口左侧目录树中增加了"SIMATIC S7-1200, S7-1500 Channel", 它包含了 S7-1200 PLC 的驱动程序, 如图 7-8 所示。

右击图 7-8 中"SIMATIC S7-1200, S7-1500 Channel"的子目录 OMS+, 在弹出的菜单中有"新建连接"项, 如图 7-9 所示。

选中"新建连接"项, 在 OMS+下增加了连接 NewConnection_1, 把它改名为 S7-1200, 如图 7-10 所示。

选中图 7-10 右侧"属性-连接"区域的"连接参数"的按钮"…", 在打开的 S7-1200 对话框中设置 S7-1200 PLC 的属性, IP 地址设为 192.168.0.1(S7-1200 PLC 实物的 IP 地址), 访问点为 S7ONLINE, 产品系列为 s71200-connection, 如图 7-11 所示。单击"确定"按钮退出。

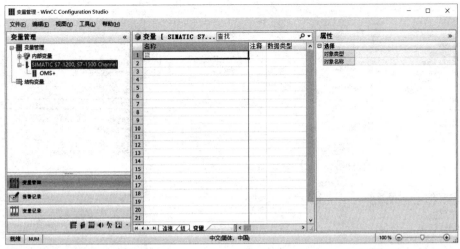

图 7-8　添加了"SIMATIC S7-1200，S7-1500 Channel"驱动程序

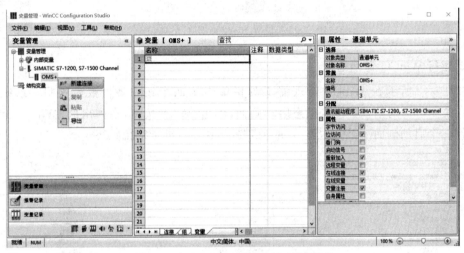

图 7-9　右击 OMS＋弹出"新建连接"项

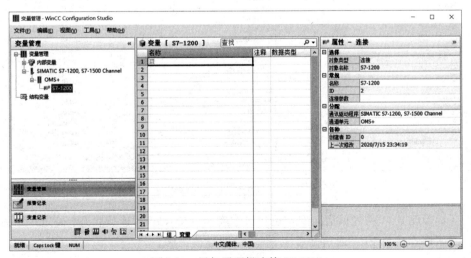

图 7-10　添加了逻辑连接 S7-1200

图 7-11　设置 S7-1200 PLC 的属性

2. 运行 WinCC,激活通信

如图 7-12 所示在 WinCC 管理器工具栏单击第四个按钮 ▶,激活项目。系统弹出 WinCC Runtime 对话框提醒未组态启动画面,单击"确定"按钮,在弹出的"WinCC 运行系统-选择一个启动画面"对话框,单击"取消"按钮,让项目处于运行状态。

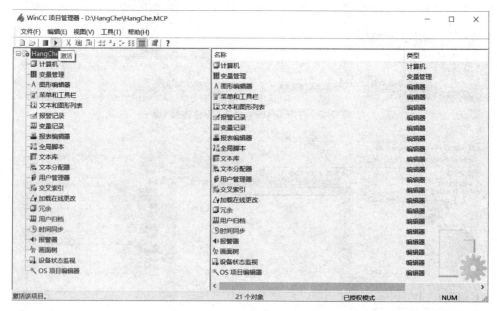

图 7-12　激活项目操作按钮

在变量管理器中,将光标指向刚才建立的连接 S7-1200,显示"连接状态：确定",如图 7-13 所示。说明该连接与 PLC 通信处于正常状态,即连接正确。

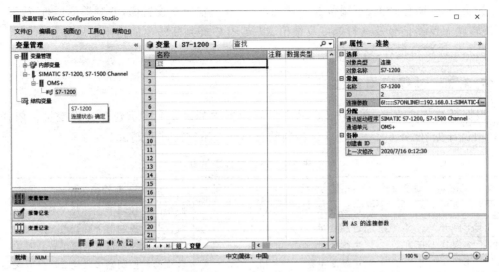

图 7-13 测试 S7-1200 与 PLC 实物通信处于正常状态

任务 7.3 行车变频系统的组态监控设计及调试

本任务在 WinCC 软件中对行车变频系统进行组态监控设计及调试,前提是 S7-1200 PLC 与 G120 变频器通信且运行正常。有关 S7-1200 PLC 通过 PN 通信协议对 G120 变频器组态监控的内容,请参考项目 6。

7.3.1 系统监控要求

WinCC 是安装在工控机上组态人机界面接口(HMI)的专用软件,它通过驱动程序与 S7-1200 PLC 建立通信,采集 PLC 的数据信号,进行处理并发出控制命令。G120 变频器并不能直接受 WinCC 监控,它是通过与 S7-1200 PLC 建立通信并进行数据交换,间接接受 WinCC 的监视和控制。

WinCC 对行车变频系统的监控要求如下。

(1) 理解项目背景及监控要求。行车变频系统的项目背景在项目 2 作了详细介绍。WinCC 及其工控机安装在主控室,应能监视行车运行现场的信号,主要有:凸轮控制器开关及限位开关的状态,升降电机变频器的给定速度值、状态反馈及 PLC 经判断输出的抱闸信号。同时应能执行以下控制操作:远程启停控制及故障复位变频器,设置多段速 1～5 的速度设定值等。

(2) 掌握 WinCC 对 G120 变频器组态监控的网络架构及间接通信控制方式。

(3) 掌握 WinCC 添加 S7-1200 PLC 驱动程序、建立连接并设置参数的方法,在 WinCC 中定义系统的过程变量。

(4) 在 WinCC 中创建画面,添加对象及建立动画,对变频器进行监控,组态的主要内容包括:①命令输出控制,主要有变频器远程启停控制,变频器远程故障复位,多段速 1～5 的速度设定值设置;②信号采集监视,主要有凸轮控制器上升开关、下降开关和多段速 1～5

开关的状态,上限位开关、下限位开关状态,变频器给定速度设置值,变频器的运行、故障、报警、反转状态反馈信号及运行速度反馈值,以及 PLC 经判断输出的抱闸信号等。

(5) 完成项目报告,对项目实施情况进行总结。

7.3.2　过程变量建立

微课:WinCC对变频控制系统的组态

根据系统监控要求,在 WinCC 的变量管理器中如表 7-1 所示建立过程变量。依托的 PLC 项目详见"任务 6.4　基于 PN 控制的行车变频系统设计及调试"。

表 7-1　系统过程变量表

序号	WinCC 变量名称	数据类型	PLC 地址	监控信息描述
1	上升开关	二进制变量	I0.1	监视凸轮控制器上升开关 S_P
2	下降开关	二进制变量	I0.2	监视凸轮控制器下降开关 S_N
3	多段速1开关	二进制变量	I0.3	监视凸轮控制器多段速1选择开关 S_1
4	多段速2开关	二进制变量	I0.4	监视凸轮控制器多段速2选择开关 S_2
5	多段速3开关	二进制变量	I0.5	监视凸轮控制器多段速3选择开关 S_3
6	多段速4开关	二进制变量	I0.6	监视凸轮控制器多段速4选择开关 S_4
7	多段速5开关	二进制变量	I0.7	监视凸轮控制器多段速5选择开关 S_5
8	上限位开关	二进制变量	I1.1	监视升降电机上限位开关 K_{UL}
9	下限位开关	二进制变量	I1.2	监视升降电机下限位开关 K_{DL}
10	远程启停控制	二进制变量	M10.0	HMI 启动/停止变频器
11	远程故障复位	二进制变量	M10.1	HMI 故障复位变频器
12	多段速1速度值	有符号的16位值	DB1.DBW12	HMI 设置多段速1速度值
13	多段速2速度值	有符号的16位值	DB1.DBW14	HMI 设置多段速2速度值
14	多段速3速度值	有符号的16位值	DB1.DBW16	HMI 设置多段速3速度值
15	多段速4速度值	有符号的16位值	DB1.DBW18	HMI 设置多段速4速度值
16	多段速5速度值	有符号的16位值	DB1.DBW20	HMI 设置多段速5速度值
17	运行指示	二进制变量	Q0.0	监视变频器运行状态反馈
18	故障指示	二进制变量	Q0.1	监视变频器故障信号反馈
19	抱闸输出	二进制变量	Q0.2	监视抱闸控制输出信号
20	报警显示	二进制变量	M11.0	监视变频器报警信号反馈
21	反转显示	二进制变量	M11.1	监视变频器反转信号反馈
22	给定速度	有符号的16位值	QW66	监视变频器给定速度
23	运行速度显示	有符号的16位值	MW12	监视变频器运行速度反馈

下面介绍过程变量的建立方法。

1. 输入缓冲区类变量

以 I 开头的输入缓冲区类变量的定义如图 7-14 所示。图中监视的所有变量在博途中均定义为 bool 型,在 WinCC 中数据类型应选择"二进制变量"。连接方式选择 S7-1200(本项目只建立了 S7-1200 一个连接,因此只有 S7-1200 和内部变量两个选项可供选择)。地址的选择方法为:单击地址栏后面的"…"按钮,打开如图 7-15 所示"地址属性"对话框,数据区域选择"输入",地址的类型为"位",输入或选择正确的地址值后单击"确定"按钮。

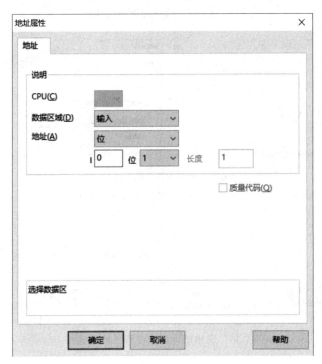

图 7-14　建立输入缓冲区类变量

图 7-15　输入缓冲区类变量地址的选择

2. 输出缓冲区类变量

以 Q 开头的输出缓冲区类变量的定义如图 7-16 所示,其中变量"运行指示""故障指示""抱闸输出"数据类型选择"二进制变量",变量"给定速度"选择"有符号的 16 位值",连接均选择 S7-1200。地址的选择方法为:单击地址栏后面的"…"按钮,打开如图 7-17 所示的"地址属性"对话框,数据区域选择"输出",对于二进制变量地址类型为"位"(图 7-17(a)),对于有符号的 16 位值地址类型为"字"(图 7-17(b)),输入或选择正确的地址值后单击"确定"按钮。

3. 位存储器类变量

以 M 开头的位存储器类变量的定义如图 7-18 所示,其中变量"远程启停控制""远程故障复位""报警显示""反转显示"数据类型选择"二进制变量",变量"运行速度显示"选择"有

图 7-16　建立输出缓冲区类变量

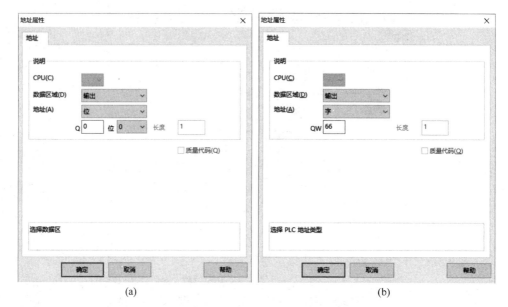

(a)　　　　　　　　　　　　(b)

图 7-17　输出缓冲区类变量地址的选择

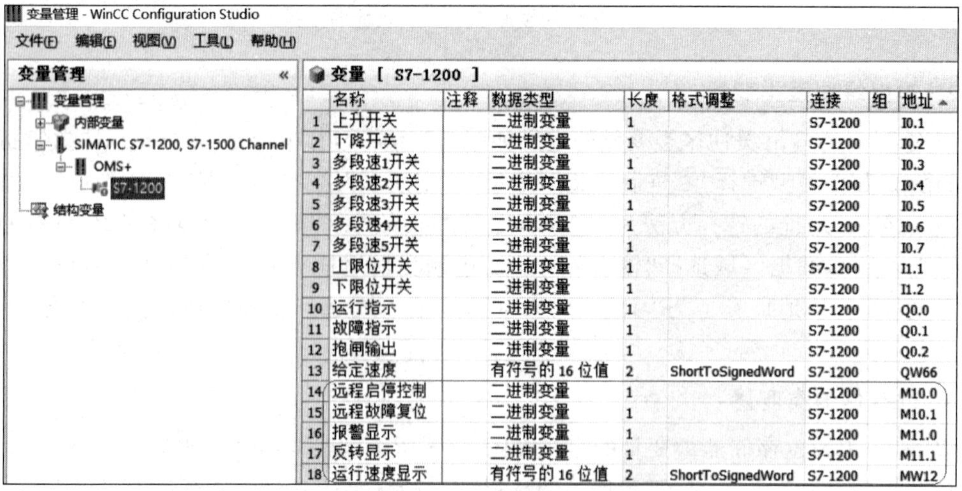

图 7-18　建立位存储器类变量

符号的 16 位值",连接均选择 S7-1200。地址的选择方法为:单击地址栏后面的"..."按钮,打开如图 7-19 所示的"地址属性"对话框,数据区域选择"位存储器",对于二进制变量地址类型为"位"(图 7-19(a)),对于有符号的 16 位值地址类型为"字"(图 7-19(b)),输入或选择正确的地址值后单击"确定"按钮。

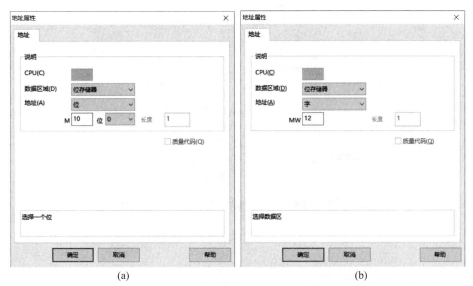

(a)　　　　　　　　　　　　　　　　　　(b)

图 7-19　位存储器类变量地址的选择

4. 数据块类变量

以 DB 开头的数据块类变量的定义如图 7-20 所示,5 个变量的数据类型均选择"有符号的 16 位值",连接选择 S7-1200。地址的选择方法为:单击地址栏后面的"..."按钮,打开如图 7-21 所示的对话框,数据区域选择 DB,DB 号输入 1,表示对应 S7-1200 PLC 的 DB1 数据块。地址的类型为"字",输入正确的地址值后单击"确定"按钮。

完成的所有变量如图 7-20 所示。

	名称	注释	数据类型	长度	格式调整	连接	组	地址
1	上升开关		二进制变量	1		S7-1200		I0.1
2	下降开关		二进制变量	1		S7-1200		I0.2
3	多段速1开关		二进制变量	1		S7-1200		I0.3
4	多段速2开关		二进制变量	1		S7-1200		I0.4
5	多段速3开关		二进制变量	1		S7-1200		I0.5
6	多段速4开关		二进制变量	1		S7-1200		I0.6
7	多段速5开关		二进制变量	1		S7-1200		I0.7
8	上限位开关		二进制变量	1		S7-1200		I1.1
9	下限位开关		二进制变量	1		S7-1200		I1.2
10	运行指示		二进制变量	1		S7-1200		Q0.0
11	故障指示		二进制变量	1		S7-1200		Q0.1
12	抱闸输出		二进制变量	1		S7-1200		Q0.2
13	给定速度		有符号的 16 位值	2	ShortToSignedWord	S7-1200		QW66
14	远程启停控制		二进制变量	1		S7-1200		M10.0
15	远程故障复位		二进制变量	1		S7-1200		M10.1
16	报警显示		二进制变量	1		S7-1200		M11.0
17	反转显示		二进制变量	1		S7-1200		M11.1
18	运行速度显示		有符号的 16 位值	2	ShortToSignedWord	S7-1200		MW12
19	多段速1速度值		有符号的 16 位值	2	ShortToSignedWord	S7-1200		DB1,DBW12
20	多段速2速度值		有符号的 16 位值	2	ShortToSignedWord	S7-1200		DB1,DBW14
21	多段速3速度值		有符号的 16 位值	2	ShortToSignedWord	S7-1200		DB1,DBW16
22	多段速4速度值		有符号的 16 位值	2	ShortToSignedWord	S7-1200		DB1,DBW18
23	多段速5速度值		有符号的 16 位值	2	ShortToSignedWord	S7-1200		DB1,DBW20

图 7-20　建立数据块类变量

图 7-21　数据块类变量地址的选择

7.3.3　人机界面组态

创建行车变频系统项目及定义变量后,就可以创建画面,组态 HMI 人机交互界面,即在画面中添加行车变频系统监控对象,并给对象组态属性和事件,实现项目监控功能。

1. 创建 HMI 画面

在 WinCC 项目管理器中新建一个画面,右击项目管理器树状目录"图形编辑器",在弹出的快捷菜单中选中"新建画面"项,如图 7-22 所示。

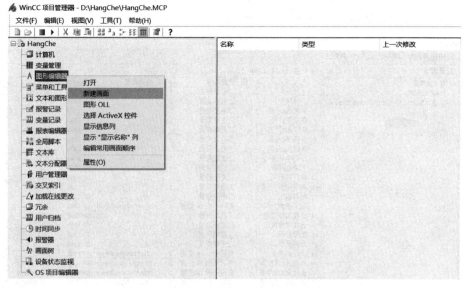

图 7-22　项目管理器中选择"新建画面"菜单项

新建立的画面名称为 NewPdl0.Pdl。修改该名称,右击 NewPdl0.Pdl,在弹出的快捷菜单中选中"重命名画面"项,如图 7-23 所示。

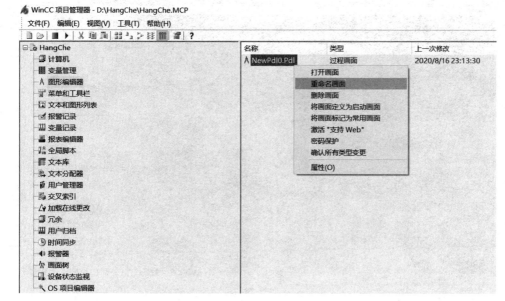

图 7-23 选择"重命名画面"菜单项

将文件名改为 Main.Pdl,并再次右击 Main.Pdl,在弹出的菜单中(图 7-23)选择"将画面定义为启动画面"项,画面如图 7-24 所示。这样设置后,当激活项目时,WinCC 会自动运行 Main.Pdl 画面。

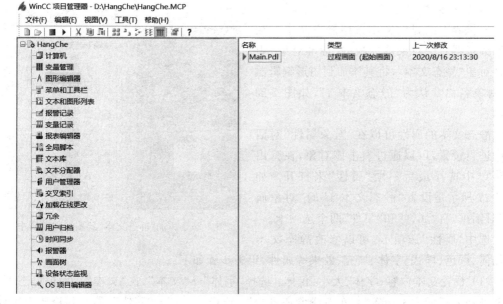

图 7-24 修改画面名称并定义画面为启动画面

双击 Main.Pdl,打开"图形编辑器"画面,如图 7-25 所示。

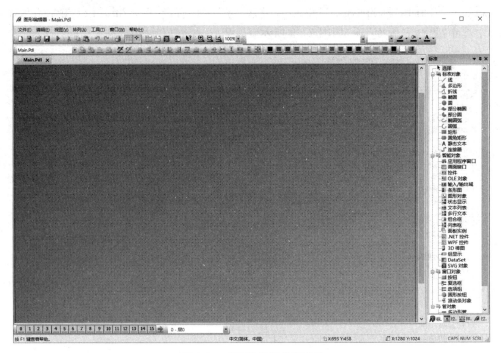

图 7-25 "图形编辑器"画面

2. 添加监控对象并组态动画及事件

在图 7-25 所示的"图形编辑器"中,添加项目监控的文本、按钮、输入/输出域、条形图、库元件等对象,并根据各对象的监控要求,组态相应的动画及事件。

1)显示文本的组态

人机界面的显示文本采用静态文本。在图形编辑器右侧对象选项板的"标准对象"中选择对象"静态文本",将其添加到图形编辑器中,对象名称默认为"静态文本 1",如图 7-26 所示。

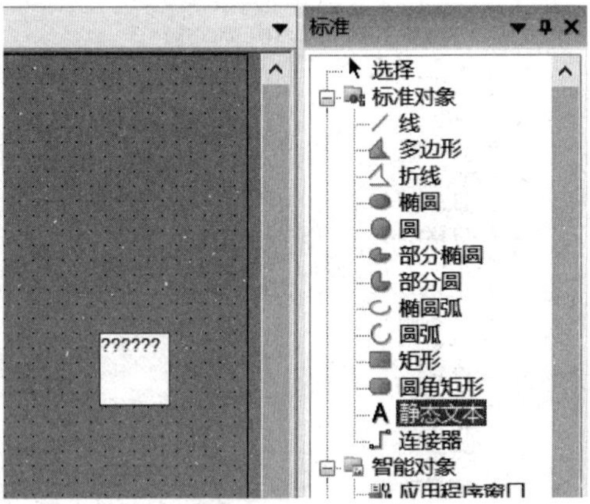

静态文本的属性可以在"对象属性"对话框中进行设置,可以通过右击该对象,在弹出的菜单中选择最后一项"属性"来打开。如图 7-27 所示是设置"静态文本 1"的"对象属性"对话框,有"属性"和"事件"两个选项卡。

选中"属性"选项卡,可以修改静态文本

图 7-26 添加"静态文本"到图形编辑器中

的几何、颜色、样式、字体、填充、效果等属性,组态步骤如下。

(1)设置文本内容、字体、大小、粗体:选择"字体"→"文本",在"文本"后面的静态列输入框中输入新的文本内容"行车变频调速系统";选择"字体"→"字体",静态列修改为黑体;选择"字体"→"字体大小",静态列修改为 35;选择"字体"→"粗体",静态列修改为"是"。

(2)设置文本颜色:选择"颜色"→"字体颜色",静态列修改为红色。

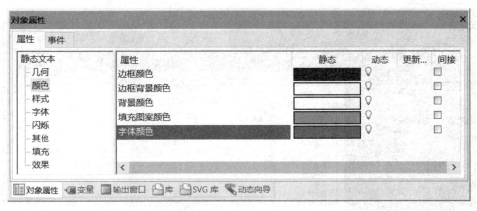

图 7-27 彩图

图 7-27　在"对象属性"对话框中修改静态文本的属性

（3）去掉静态文本的边框：选择"样式"→"线宽"，静态列修改为 0。

（4）设置动态填充属性：选择"填充"→"动态填充"，静态列修改为"是"。

（5）设置全局颜色方案：选择"效果"→"全局颜色方案"，静态列修改为"否"。

完成后的静态文本对象"行车变频调速系统"显示画面如图 7-28 所示。

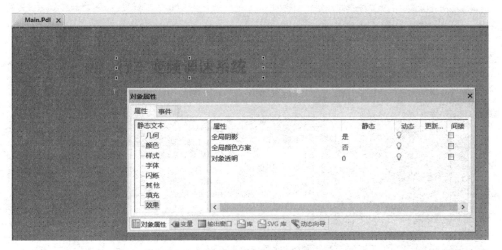

图 7-28 彩图

图 7-28　静态文本组态完成后的画面

对于项目名称等需要突出显示的文本，可以组态阴影效果，组态步骤如下。

（1）右击静态文本"行车变频调速系统"，在弹出的对话框中选择第 3 项"复制"，系统生成了一个新的对象"静态文本 2"，其属性与"静态文本 1"相同。

（2）修改"静态文本 2"的文本颜色：选择"颜色"→"字体颜色"，静态列修改为黄色。

（3）设置对象显示层次：右击"静态文本 2"，在弹出的对话框中选择"排列对象"→"对象置后"，将"静态文本 2"置于"静态文本 1"的后层（也可以通过工具栏的对象置后按钮 进行设置）。

（4）调整"静态文本 1"和"静态文本 2"的位置，并把两个对象都选中，右击，在弹出的对话框中选择"编组"→"编组"，这样两个对象就形成为一个整体了，如图 7-29 所示。

图 7-29 彩图

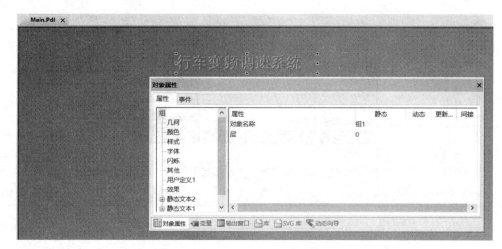

图 7-29　组态阴影效果静态文本的画面

　　按上面的方法,组态行车变频系统的其他文本如图 7-30 所示。图中的方框为对象选项板"标准对象"中的"矩形"对象,并选择"填充"→"动态填充",将静态列修改为"是"。

图 7-30 彩图

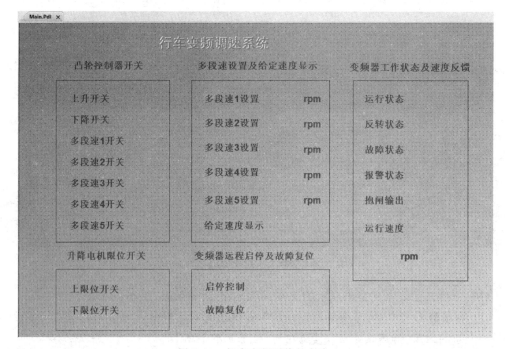

图 7-30　行车变频系统的文本

　　2) 库开关的组态

　　采用 WinCC 自带图库中的开关来显示凸轮控制器和限位开关的工作状态,操作步骤如下。

　　(1) 如图 7-31 所示,在工具栏中有"显示库"按钮。单击该按钮打开"库"对话框,展开目录树"全局库"→Operation→Toggle Buttons,如图 7-32 所示,在"库"对话框的右侧显示了所有的开关元件。

图 7-31 工具栏的"显示库"按钮

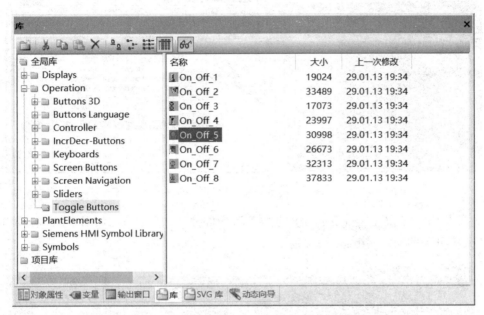

图 7-32 库中的开关元件

（2）将 On_Off_5 拖放到文本"上升开关"的右边，并打开"对象属性"对话框，如图 7-33 所示。

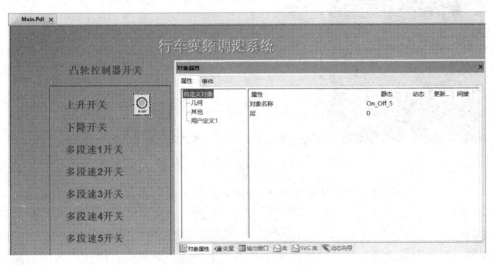

图 7-33 添加 On_Off_5 开关元件

（3）选择"属性"选项卡，选择"用户定义 1"→Toggle，右击动态列的白色灯泡，在弹出的对话框中选择"变量"，在打开的对话框中选择变量"上升开关"，如图 7-34 所示。单击"确定"按钮,退回到"对象属性"对话框,灯泡颜色变为绿色。

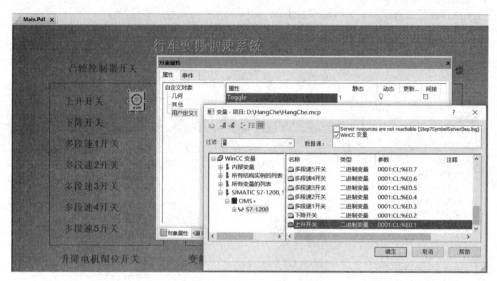

图 7-34 组态 On_Off_5 的变量动画

(4) 在"用户定义 1"→Toggle 的"更新时间"列选择"有变化时",如图 7-35 所示。这样 On_Off_5 开关的动画就组态好了。

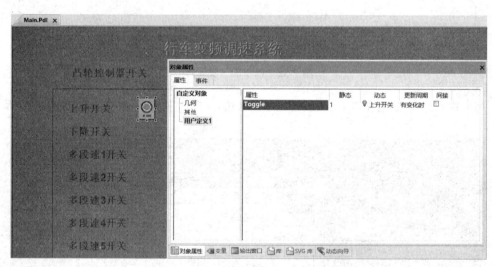

图 7-35 组态 On_Off_5 的更新时间

(5) 在文本"下降开关""多段速 1 开关""多段速 2 开关""多段速 3 开关""多段速 4 开关""多段速 5 开关""上限位开关""下限位开关"的右边添加相同的开关对象(可采用复制方法),并在"用户定义 1"→Toggle 右边的动态列分别组态变量为"下降开关""多段速 1 开关""多段速 2 开关""多段速 3 开关""多段速 4 开关""多段速 5 开关""上限位开关""下限位开关",组态完成的画面如图 7-36 所示。

3) 输入/输出域的组态

采用输入/输出域来显示及更改多段速的速度设置值,显示给定速度及运行速度,组态

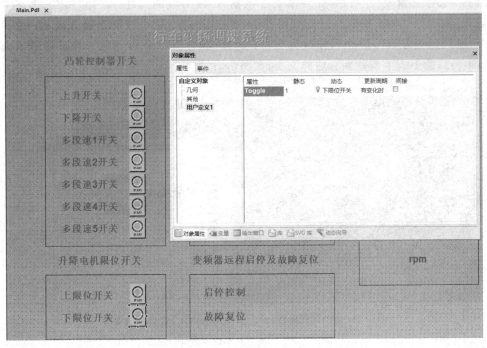

图 7-36 凸轮控制器和限位开关组态完成的画面

步骤如下。

(1) 在图形编辑器右侧对象选项板的"智能对象"中选择对象"输入/输出域",将其添加到文本"多段速 1 设置"的右边,在打开的"I/O 域组态"对话框中将变量设置为"多段速 1 速度值",更新设置为"有变化时",域类型选择默认的"输入/输出域",字体大小修改为 25,颜色修改为"蓝色",如图 7-37 所示。

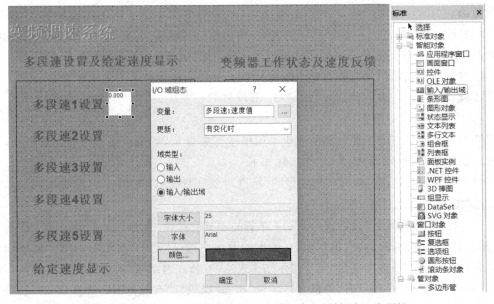

图 7-37 添加输入/输出域并在"I/O 域组态"对话框中组态属性

（2）打开“对象属性”对话框，继续组态该输入/输出域的属性：选择“属性”选项卡，选择“输入/输出”→“输出格式”，静态列修改为9999，支持4位十进制正数的显示；选择“效果”→“全局颜色方案”，静态列修改为“否”；选择“颜色”→“背景颜色”，静态列修改为“红192，绿192，蓝192”；调整到合适的大小，如图7-38所示。

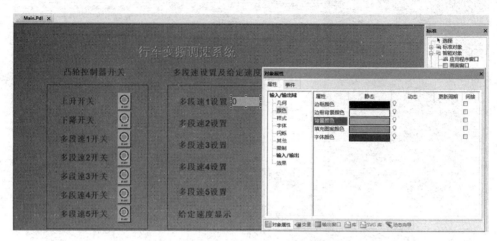

图7-38　在“对象属性”对话框中组态输入/输出域的属性

（3）在文本“多段速2设置”“多段速3设置”“多段速4设置”“多段速5设置”“给定速度显示”的右边及文本“运行速度”的下方，采用复制的方式分别添加各自的输入/输出域，在“对象属性”对话框中选择“属性”选项卡，选择“输入/输出”→“输出值”，动态列分别选择变量“多段速2速度值”“多段速3速度值”“多段速4速度值”“多段速5速度值”“给定速度”“运行速度显示”。

（4）对文本“给定速度显示”“运行速度”相应的输入/输出域，选择“输入/输出”→“域类型”，静态列修改为“输出”，这样这两个输入/输出域只能用于数据的输出显示，不能用于数据的更改。

（5）对文本“给定速度显示”相应的输入/输出域，选择“输入/输出”→“输出格式”，静态列修改为99999，支持5位十进制正数的显示；对文本“运行速度”相应的输入/输出域，选择“输入/输出”→“输出格式”，静态列修改为s9999，支持4位带符号十进制数的显示。

步骤（3）～（5）完成后的画面如图7-39所示。

4）指示灯显示的组态

变频器运行状态等工作状态的变化采用指示灯来显示，可采用组态圆的背景色动画的方法来达到指示灯显示的效果，组态步骤如下。

（1）在图形编辑器右侧对象选项板的“标准对象”中选择对象“圆”，将其添加到文本“运行状态”的右边，如图7-40所示。

（2）打开“对象属性”对话框，组态该对象的动画：选择“属性”选项卡，选择“颜色”→“背景颜色”，单击动态列的白色灯泡，在弹出的菜单中选择“动态”对话框，打开“值域”对话框，“表达式/公式”项选择变量“运行指示”；“表达式/公式的结果”项选择数据类型为“布尔型”，“有效范围”为“是/真”时“边框背景颜色”组态“绿色”，“有效范围”为“否/假”时组态“红色”；单击“事件名称”右边的触发器按钮，在打开的“改变触发器”对话框中将标准周期改为

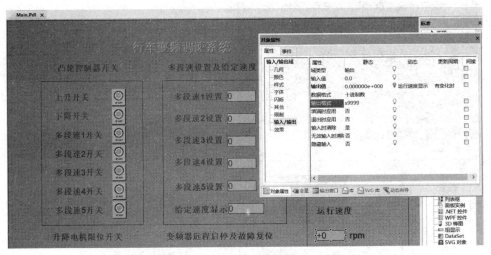

图 7-39 输入/输出域组态完成的画面

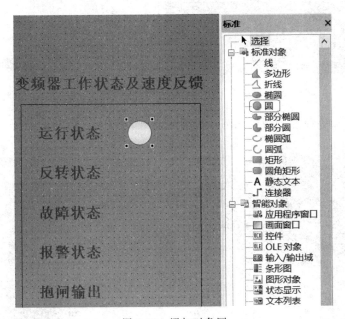

图 7-40 添加对象圆

"有变化时";单击"确定"按钮退出;圆的背景颜色动画组态画面如图 7-41 所示,单击"确定"按钮返回"对象属性"对话框。这时"背景颜色"动态列的白色灯泡变为红色闪电符号。

(3) 选择"效果"→"全局颜色方案",静态列修改为"否"。

(4) 在文本"反转状态""故障状态""报警状态""抱闸输出"右侧采用复制的方式分别添加各自的圆,修改其动画属性,即在图 7-41 所示的"值域"对话框中将"表达式/公式"项对应修改为变量"反转显示""故障指示""报警显示""抱闸输出"。

(5) 步骤(4)中四个圆的"表达式/公式的结果"项数据类型均不变,但"故障状态""报警状态"的颜色需作修改,当"有效范围"为"是/真"时组态"黄色",当"有效范围"为"否/假"时组态"蓝色"。

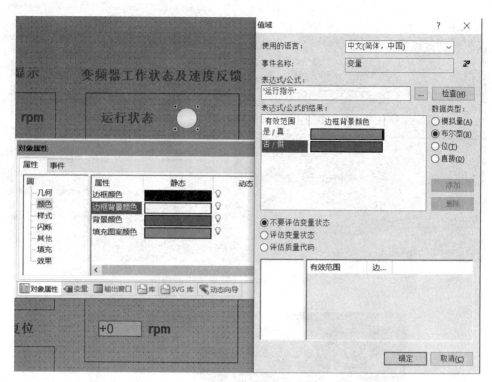

图 7-41　组态圆的背景颜色动画

步骤(3)～(5)完成后的画面如图 7-42 所示。

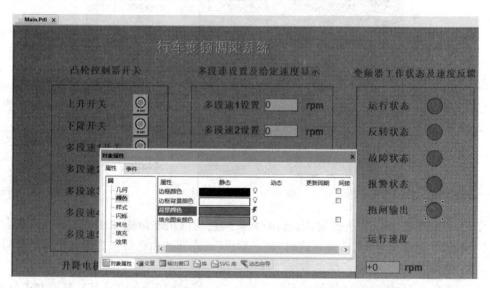

图 7-42　圆的背景色动画组态完成的画面

5) 条形图的组态

变频器的运行速度采用条形图(即柱状图、棒图)显示更直观,组态步骤如下。

(1) 在图形编辑器右侧对象选项板的"智能对象"中选择对象"条形图",将其添加到文本"运行速度"的右侧;在打开的"棒图组态"对话框中将变量设置为"运行速度显示",更新设置为"有变化时",最大值修改为 1400,最小值修改为-1400,如图 7-43 所示。

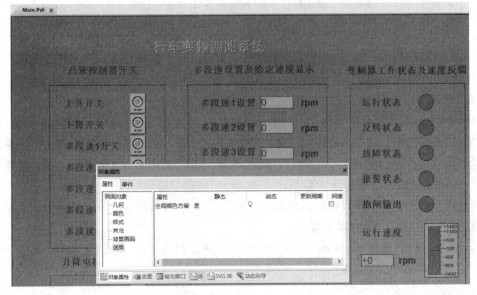

图 7-43　添加条形图并在"棒图组态"对话框中组态属性

(2) 调整条形图的大小,打开"对象属性"对话框,继续组态该条形图的属性:选择"属性"选项卡,选择"轴"→"小数位",静态列修改为 0;选择"颜色"→"棒图颜色",静态列修改为"蓝色";选择"效果"→"全局颜色方案",静态列修改为"否";完成后的画面如图 7-44 所示。

图 7-44　条形图组态完成的画面

6) 按钮的组态

本项目可通过按钮对象的鼠标事件来修改 PLC 中的变量值,达到控制变频器启动/停止和故障复位等目的。

(1) WinCC 启动变频器按钮的组态。

在图形编辑器右侧对象选项板的"窗口对象"中选择对象"按钮",将其添加到文本"启停控制"的右边;在打开的"按钮组态"对话框中将文本设置为"启动",字体设置为"黑体",颜色修改为"蓝色",并调整按钮的大小,如图 7-45 所示。

图 7-45　添加按钮并在"按钮组态"对话框中组态属性

打开"对象属性"对话框,选择"属性"选项卡,选择"颜色"→"字体颜色",静态列修改为"蓝色";选择"颜色"→"背景颜色",静态列修改为"绿色";选择"字体"→"字体大小",静态列修改为 25;选择"效果"→"全局颜色方案",静态列修改为"否",如图 7-46 所示。

在"对象属性"对话框中选择"事件"选项卡,选择"鼠标"→"按左键",右击动作列白色闪电符号,在弹出的菜单中有"C 动作""VBS 动作""直接连接"三个选项,选择"直接连接"并打开"直接连接"对话框,在"来源"项选择"常数"并置为 1,在"目标"项选择"变量"并设置为变量"远程启停控制",如图 7-47 所示。单击"确定"按钮,就将常数 1 赋给了变量"远程启停控制",且动作列的闪电符号变为蓝色。

(2) WinCC 停止变频器按钮的组态。

复制上面的按钮,修改以下属性。

① 选择"属性"选项卡,选择"字体"→"文本",静态列修改为"停止";选择"颜色"→"背景颜色",静态列修改为"红色"。

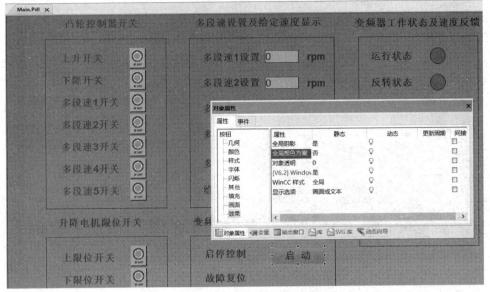

图 7-46　在"对象属性"对话框中设置"启动"按钮的属性

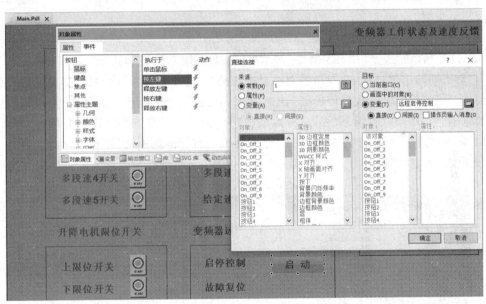

图 7-47　在"对象属性"对话框中设置"启动"按钮的直接连接事件

②　选择"事件"选项卡,选择"鼠标"→"按左键",右击动作列白色闪电符号,选择"直接连接"并打开"直接连接"对话框,在"来源"项选择"常数"并置为 0,在"目标"项选择"变量"并设置为变量"远程启停控制",如图 7-48 所示。单击"确定"按钮,就将常数 0 赋给了变量"远程启停控制"。这时"按左键"动作列的闪电符号颜色变为蓝色。

（3）启停按钮的叠加组态。

在实际项目中,类似"启动""停止"两个按钮的情况常常合为一个按钮进行操作,即单击"启动"按钮后,"启动"按钮消失,"停止"按钮显示,变频器运行;单击"停止"按钮后,"停止"按钮消失,"启动"按钮显示,变频器停止。操作步骤如下。

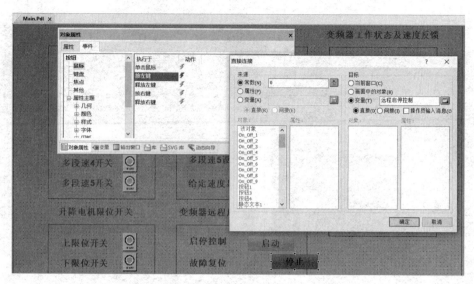

图 7-48　在"对象属性"对话框中设置"停止"按钮的直接连接事件

① 右击"停止"按钮,在弹出的对话框中选择"排列对象"→"对象置后",将其置于"启动"按钮的后层。

② 移动"停止"按钮使之与"启动"按钮重合。

③ 打开"启动"按钮的"对象属性"对话框,选择"属性"选项卡,选择"其他"→"显示",右击右边动态列的白色灯泡,在弹出的对话框中选择"动态对话框",打开"值域"对话框,"表达式/公式"项选择变量"远程启停控制";"表达式/公式的结果"项选择数据类型为"布尔型","有效范围"为"是/真"时组态"否","有效范围"为"否/假"时组态"是";单击"事件名称"项右边的触发器按钮,在打开的"改变触发器"对话框中将标准周期改为"有变化时",如图 7-49所示;单击"确定"按钮退出。这时"显示"动态列的白色灯泡变为红色闪电符号。

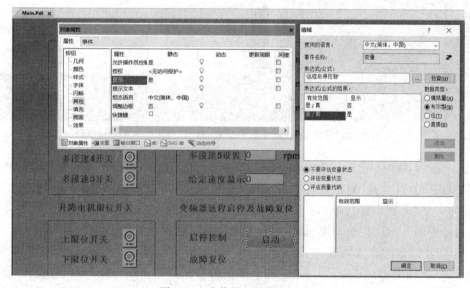

图 7-49　启停按钮的叠加组态

(4)"故障复位"按钮的组态。

"故障复位"按钮为点动按钮,要求当鼠标按下该按钮时,连接的变量为1,当鼠标松开时,连接的变量为0。组态步骤如下。

①　按上面的方法组态一个按钮(可选择"复制启动"按钮,但应删除已组态的属性动画和事件),选择"属性"选项卡,选择"字体"→"文本",静态列修改为"故障复位";选择"颜色"→"字体颜色",静态列修改为蓝色;选择"颜色"→"背景颜色",静态列修改为"红145,绿145,蓝145"。

②　选择"事件"选项卡,选择"鼠标"→"按左键",右击动作列白色闪电符号,在弹出的菜单中选择"直接连接"打开"直接连接"对话框,在"来源"项选择"常数"并置为1,在"目标"项选择"变量"并设置为变量"远程故障复位",如图7-50所示;单击"确定"按钮,就将常数1赋给了变量"远程故障复位"。这时"按左键"动作列的闪电符号颜色变为了蓝色。

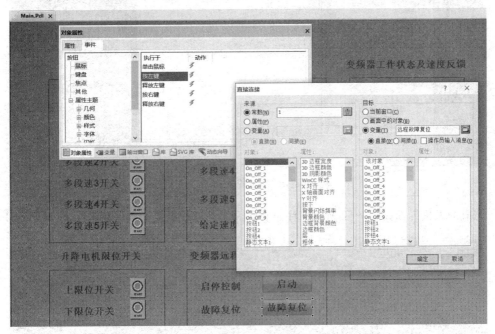

图7-50　"故障复位"按钮的事件组态

③　图7-50中选择"鼠标"→"释放左键",右击动作列白色闪电符号,在弹出的菜单中选择"直接连接"打开"直接连接"对话框,在"来源"项选择"常数"并置为0,在"目标"项选择"变量"并设置为变量"远程故障复位";单击"确定"按钮,就将常数0赋给了变量"远程故障复位"。同样"按左键"动作列的闪电符号颜色变为了蓝色。

7)"退出"按钮的组态

组态一个"退出"按钮,当单击该按钮时退出WinCC运行系统,组态步骤如下。

(1)　按上面的方法组态一个按钮(可选择复制"故障复位"按钮,但应删除已组态的事件),在"对象属性"对话框中选择"属性"选项卡,选择"字体"→"文本",静态列修改为"退出"。

(2)　选择"事件"选项卡,选择"鼠标"→"按左键",右击动作列白色闪电符号,在弹出的菜单中选择"C动作"打开"编辑操作"对话框,在左侧目录树中选择"内部函数"→wincc→

system→DeactivateRTProject，双击这一项，在右侧的编程区域就自动加入了函数代码DeactivateRTProject( )，如图 7-51 所示；单击"确定"按钮，系统自动编译代码，如果没有错误，就返回到"对象属性"对话框，这时"按左键"动作列显示了带下标 C 的绿色闪电符号。

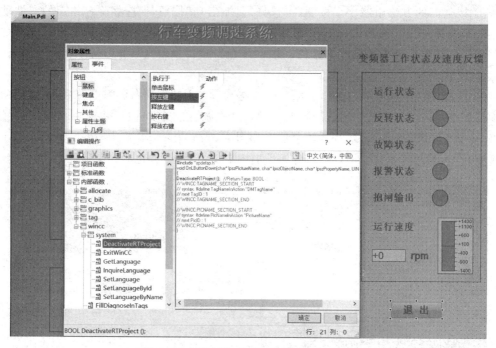

图 7-51　"退出"按钮的"C 动作"事件组态

完成的人机界面如图 7-52 所示。注意在画面组态过程中要经常保存画面文件 Main. Pdl。

图 7-52 彩图

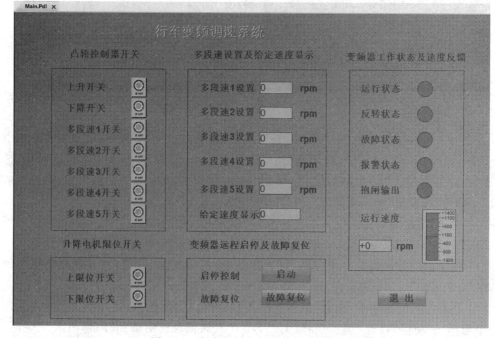

图 7-52　完成的行车变频系统人机界面

7.3.4　系统运行及调试

进行系统调试前,首先要确保 S7-1200 PLC 与 G120 变频器工作正常。其次要检查 WinCC 与 S7-1200 PLC 通信正常,即图 7-13 中 S7-1200 的连接状态应为"确定"。

1. 系统运行

单击图形编辑器工具栏中的运行系统按钮 ▶,或单击 WinCC 管理器工具栏中的激活按钮 ▶,系统进入运行模式,如图 7-53 所示。

微课:WinCC
对变频控制
系统的调试

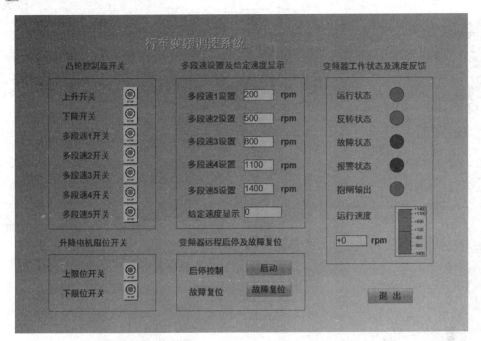

图 7-53　行车变频系统的运行界面

在图 7-53 中,凸轮控制器开关、限位开关处于初始的停止状态,以红色显示 STOP,且给定速度显示为 0;多段速设置值显示 S7-1200 PLC(以下简称 PLC)实例数据块中设置的初始值为 200rpm、500rpm、800rpm、1100rpm、1400rpm;运行、反转状态显示为红色表明当前 G120 变频器(以下简称变频器)处于停止、正转状态;抱闸输出显示为红色表明当前输出为低电平,故障、报警状态显示为蓝色表明当前变频器无故障和报警;运行速度采用输入/输出域和条形图两种方式显示,由于变频器处于停止状态,故显示值均为 0。

单击"退出"按钮,退出 WinCC 运行系统。

2. 系统调试

WinCC 监控 PLC 并通过 PLC 监控变频器的调试步骤如下。

(1) 凸轮控制器和限位开关调试。PLC 侧系统启停开关闭合,控制变频器启动。将凸轮控制器向上拨到第五挡,对应上升开关闭合且多段速 5 开关闭合,HMI 界面中以绿色显示 START,相应 PLC 中变量为 TRUE;其他开关均断开,HMI 界面中仍以红色显示 STOP,相应 PLC 中变量为 FALSE。凸轮控制器和限位开关的 HMI 界面与 PLC 程序状态监控中的变量值变化是一致的,如图 7-54 所示。

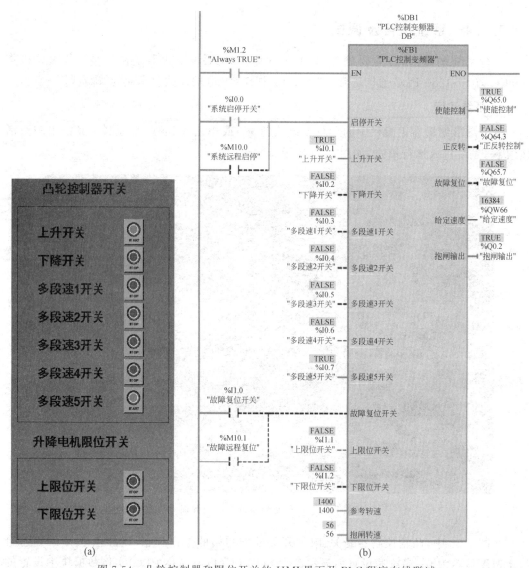

图 7-54 凸轮控制器和限位开关的 HMI 界面及 PLC 程序在线联试

(2) 多段速设置调试。以修改 HMI 界面中多段速 2 的速度设置值为例,在输入/输出域输入 520 并按 Enter 键,这时在 PLC 的实例数据块中多段速 2 的监视值就改为了 520,如图 7-55 所示。其他多段速的速度设置相同。

图 7-55 多段速设置的 HMI 界面及 PLC 程序在线联试

（3）状态指示及运行速度显示调试。在变频器运行时，将凸轮控制器向下拨到第五挡，对应下降开关闭合且多段速5开关闭合，在HMI界面中，运行状态及反转状态指示灯（即圆）显示为绿色，相应PLC中运行指示及反向显示变量为TRUE；HMI界面中故障状态及报警状态圆显示蓝色，说明无故障及报警，相应的PLC中故障指示及报警显示变量为FALSE；HMI及PLC中运行速度均显示－1400rpm，如图7-56所示。

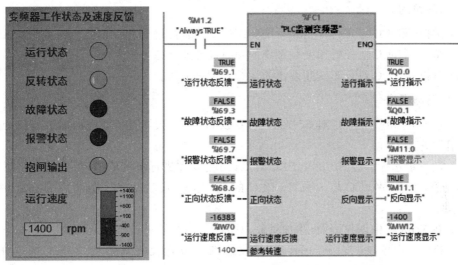

图7-56　状态指示及运行速度显示的HMI界面及PLC程序在线联试

（4）抱闸输出调试。变频器正常以多段速运行时，HMI抱闸输出指示灯（即圆）显示绿色，说明抱闸输出高电平驱动中间继电器线圈，如图7-56(a)所示；相应PLC中抱闸输出变量为TRUE，如图7-54(b)所示，说明两者的信号变化是一致的。对于抱闸输出低电平的情况，调试结果相同。

（5）远程控制调试。以远程启动/停止变频器为例，在HMI界面中单击"启动"按钮，该按钮消失，"停止"按钮显示，PLC中变量"系统远程启停"变为TRUE，变频器启动，如图7-57所示；HMI界面中单击"停止"按钮，该按钮消失，"启动"按钮显示，PLC中变量"系统远程启停"变为FALSE，变频器停止。

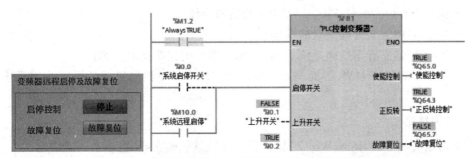

图7-57　远程控制的HMI界面及PLC程序在线联试

在图7-57所示的HMI界面中，故障复位为点动按钮，鼠标按住时，PLC中变量"故障远程复位"为TRUE；鼠标松开时，变量"故障远程复位"为FALSE，可实现变频器的故障复位功能。在图7-54中监视变量"故障远程复位"的变化。

项 目 报 告

1. 实训项目名称

WinCC 监控行车变频系统。

2. 实训目的

(1) 掌握 WinCC 组态行车变频系统的网络架构及配置要求。

(2) 掌握 WinCC 监控行车变频系统的项目设计及组态方法。

(3) 掌握 WinCC 对行车变频系统的运行及调试方法。

3. 任务与要求

(1) 理解并掌握 WinCC 对 S7-1200 PLC 及 G120 变频器进行监控的网络架构、配置要求及工作原理。

(2) 进一步熟练掌握 S7-1200 PLC 对 G120 变频器进行 PROFINET 通信的组态步骤。

(3) 学会建立 WinCC 与 S7-1200 PLC 的 PN 通信,正确设置参数,并在 WinCC 中定义过程变量。

(4) 在 WinCC 中创建画面,添加对象,对 G120 变频器进行监控及调试,内容如下。

① HMI 输出控制:变频器远程启/停控制,变频器远程故障复位,多段速 1~5 的速度设定值设置。

② HMI 采集监视:凸轮控制器上升开关、下降开关和多段速 1~5 开关的状态,上限位开关、下限位开关状态,变频器给定速度设置值,变频器的运行、故障、报警、反转状态反馈信号及运行速度反馈值,PLC 经判断输出的抱闸信号。

4. 实训设备

本实训项目用到的硬件:G120 变频器、S7-1200 PLC、PC 机、电机等。

本实训项目用到的软件:WinCC、博途等。

5. 操作调试

(1) 博途中组态 S7-1200 PLC 与 G120 变频器并实现 PN 通信的操作。

(2) 建立 WinCC 与 S7-1200 PLC PN 通信的操作。

(3) WinCC 中定义过程变量的操作。

(4) WinCC 组态行车变频系统 HMI 界面并实现监控功能的操作。

(5) 行车变频系统 HMI 界面与 S7-1200 PLC、G120 变频器组成的网络控制系统的在线联试。

6. 实训结论

(1) 总结实训过程,阐述 WinCC 监控行车变频系统的设计、组态及调试结论。

(2) 写出完成本实训项目的体会和收获。

7. 项目拓展

试结合行车变频系统工程应用实例,阐述 WinCC 在工业自动化项目中的组态步骤及现实意义。

参 考 文 献

［1］ 张忠权. SINAMICS G120 变频控制系统实用手册［M］.北京：机械工业出版社,2016.

［2］ 刘华波,何文雪,王雪. 组态软件 WinCC 及其应用［M］.2 版.北京：机械工业出版社,2018.

［3］ 廖常初.S7-1200 PLC 编程及应用［M］.北京：机械工业出版社,2017.

［4］ 李良仁.变频调速技术与应用［M］.3 版.北京：电子工业出版社,2015.

［5］ 陈志辉.变频器技术及应用［M］.北京：电子工业出版社,2015.

［6］ 蒋玲.电气控制技术及应用［M］.北京：电子工业出版社,2015.

变频器的故障诊断

变频器是一种智能控制设备,其内部配置了功能强大的微处理器,在对控制要求进行处理的同时,对自身的设备状况也进行检测。当发现控制过程或设备自身存在异常时,会通过软硬件的方式输出报警或故障信息。例如,对 G120 系列变频器,可以采用基本操作面板(BOP-2)或智能操作面板(IOP)进行报警或报故障。由于面板显示的限制,反映的是异常情况或故障种类代码,其故障诊断可通过报警信号和故障信号进行分析处理。

1. 故障/报警的显示

变频器通过发出相应故障/报警信号的方式来显示故障/报警情况。

显示故障/报警的方式有:①PROFIBUS/PROFINET 通信时通过故障和报警缓冲器来显示;②在线运行中通过调试软件来显示,如 Starter 软件;③通过基本操作面板(BOP-2)或智能操作面板(IOP)显示。

1) 故障和报警的区别

主要体现在出现故障或报警时的处理,以及如何解除故障或报警。

(1) 出现故障或报警时的处理:①触发相应的故障或报警状态位,故障设定状态字的第 3 位,报警设定状态字的第 7 位。②故障记录在故障缓冲器中,报警记录在报警缓冲器中。

(2) 解除故障或报警:①对于故障,需排除引起故障的原因,并应答故障,才能解除故障。②对于报警,当报警原因不再存在时,会自行清除。

2) 关于故障和报警列表的说明

故障和报警信号的表示主要有下面 7 种情况。

(1) A×××××,表示报警×××××。

(2) A×××××(F,N)表示报警×××××(信息类型可以改为 F 或者 N)。

(3) F×××××,表示故障×××××。

(4) F×××××(A,N),表示故障×××××(信息类型可以改为 A 或者 N)。

(5) N×××××,表示没有信息。

（6）N×××××（A），表示没有信息（信息类型可以改为 A）。

（7）C×××××，表示安全信息（单独的信息缓冲器）。

每条故障和报警信号由一个字母和一串序号组成。字母的含义如下。

A：表示"报警"，英文 Alarm 的首字母。

F：表示"故障"，英文 Fault 的首字母。

N：表示"没有信息"或者"内部信息"，英文 No Report 的首字母。

C：表示"安全信息"。

3）故障和报警信号的序号段

表 A-1 显示了 SINAMICS 系列变频器的全部故障和报警的参数序号范围。

表 A-1 故障和报警的参数序号范围

序号段起始值	序号段结束值	故障和报警发生的部位
1000	3999	控制单元,闭环控制
4000	4999	预留
5000	5999	功率单元
6000	6899	电源模块
6900	6999	制动模块
7000	7999	驱动模块
8000	8999	选件板
9000	12999	预留
13000	13020	许可
13021	13099	预留
13100	13102	专有技术保护
13103	19999	预留
20000	29999	OEM
30000	3999	DRIVE-CLiQ 组件：功率单元
31000	31999	DRIVE-CLiQ 组件,编码器 1
32000	32999	DRIVE-CLiQ 组件,编码器 2
33000	33999	DRIVE-CLiQ 组件,编码器 3
34000	34999	电压测量模块(VSM)
35000	35199	端子模块 54F(TM54F)
35200	35999	端子模块 31(TM31)
36000	36999	DRIVE-CLiQ 集线器模块
37000	37999	HF 阻尼模块(阻尼模块)
40000	40999	控制器扩展模块 32(CX32)
41000	48999	预留
49000	49999	SINAMICS GM/SM/GL
50000	50499	通信板(COMM BOARD)
50500	59999	OEM 西门子
60000	65535	SINAMICS DC MASTER(直流闭环控制)

2. 故障和报警典型应用列表

西门子 G120 CU240E-2 型变频器的使用说明书提供了报警信号和故障信号代码对应的信息,在使用时可以对照使用,以解决一些并非是元件原因造成的异常现象。表 A-2 列出了故障和报警的典型应用列表。

表 A-2　故障和报警典型应用列表

代　码	类　型	信息类别	原　因	处　理
F01000	内部软件错误	硬件/软件故障	出现了一个内部软件错误。故障值(r0949,十六进制):仅用于西门子内部的故障诊断	分析故障缓冲器(r0945);重新为所有组件上电(断电/上电);必要时检查非易失存储器(如存储卡)上的数据;将固件升级到新版本;更换控制单元
N01004(F,A)	内部软件错误	硬件/软件故障	出现了一个内部软件错误。故障值(r0949,十六进制):仅用于西门子内部的故障诊断	读取诊断参数(r9999);参见r9999(内部软件错误附加信息)
A01009(N)	CU:控制单元过热	电子组件过热	控制组件(控制单元)的温度(r0037[0])超出预设的极限值	检查控制单元的送风情况;检查控制单元的风扇;当温度低于极限值后,报警自动消失
A01073(N)	备份文件至存储卡上,需要上电	一般驱动故障	存储卡可读分区的参数设置已经改变。需要对控制单元重新上电或进行硬件复位(P0972),以便更新不可读分区的备份文件	重新给控制单元上电(断电/上电);执行硬件复位(按键RESET,P0972)
F03505(N,A)	模拟输入端断线	外部测量值/信号状态在允许的范围之外	模拟输入的断线监控响应。模拟输入端的输入电流低于 P0761[0~3]中设置的阈值。故障值(r0949,十进制):yxxx 十进制,其中 y 表示模拟输入,0 表示模拟输入 AI0,1 表示模拟输入 AI1,xxx 表示组件号(P0151)	检查信号源的连接是否中断;检测输入电流的强度,可能是信号太弱;可在 r0752[x]中读取模拟输入端上测得的输入电流
A07014(N)	驱动:电机温度模型配置报警	电机过载	电机温度模型配置中出现故障。报警值(r2124,十进制):1。所有电机温度模型:不能保存模型温度	将电机过热反应设为"输出报警和故障,不降低最大电流"(P0610=2)
F07220(N,A)	驱动:缺少"通过 PLC 控制"	与上位控制器的通信故障	在运行期间缺少信号"通过 PLC 控制"。用于"通过 PLC 控制"的 BI P0854 连接错误	检查用于"通过 PLC 控制"的 BI P0854;检查信号"通过 PLC 控制",接通信号;检查通过现场总线(主站/驱动)的数据传输
F08010(N,A)	CU:模拟数字转换器	硬件/软件故障	CU 上的模拟数字转换器没有输出经过转换的数据	检查电源;更换控制单元
F13009	OA 应用程序许可未授权	参数设置/配置/调试过程出错	至少一个需要授权的 OA 应用程序未授权	输入并激活需要授权的 OA 应用程序的许可密钥 P9920,P9921;必要时禁用未经授权的 OA 应用程序(P4956)

续表

代 码	类 型	信息类别	原 因	处 理
F30003	功率单元：直流母线欠压	电源模块故障	功率单元检测出了直流母线中的欠压。主电源掉电；输入电压低于允许值；电源相位中断	检查输入电压；检查电源相位
F30015(N,A)	功率单元：电机馈电电缆断相	应用/工艺功能故障	电机馈电电缆中出现断相。另外在以下情况下也会输出该信息：电机正确连接，但是驱动在 u/f 控制中失步；电机正确连接，但是转速环不稳定，因此产生"不断振荡"的转矩	检查电机馈电电缆；如果驱动在 u/f 控制中失步，提高斜坡升降时间(P1120)；检查转速环的设置
F31161(N,A)	编码器：模拟编码器通道 B 故障	位置/转速实际值错误或缺少	模拟编码器的输入电压超出允许的限值。故障值(r0949,十进制)：1 表示输入电压在可采集的测量范围以外；2 表示输入电压超出了设置的测量范围(P4675)；3 表示输入电压的绝对值超出了限值(P4676)	故障值＝1 时：检查模拟编码器的输出电压；故障值＝2 时：检查每编码器周期的电压设置(P4675)；故障值＝3 时：检查限值，必要时提高该值(P4676)
A31442(F,N)	编码器：电池电压预警	位置/转速实际值错误或缺少	在断电状态下,编码器使用电池来保存多圈信息。电池电力不足,则无法继续保存多圈信息	更换电池
A33470(F,N)	编码器：检测出污染	位置/转速实际值错误或缺少	在机柜编码器模块 30(SMC30)的备用编码器系统接口上,端子 X521.7 上的 0 信号报告编码器污染	检测插塞连接；更换编码器或者编码器电缆
A50001(F)	PROFINET 配置错误	与上位控制器的通信故障	PROFINET 控制器尝试用错误的配置报文来建立连接。已激活功能"共享设备"(P8929＝2)	检查 PROFINET 控制器的配置以及 P8929 的设置
A50010(F)	PROFINET 站名称无效	与上位控制器的通信故障	PROFINET 站名称无效	改站名称（P8920）并激活(P8925＝2)

3. 硬件故障

如果变频器出现了故障,需判断是哪一部分出现的问题,有静态测试、动态测度、故障判断等方法。

1) 静态测试

(1) 测试整流电路。找到变频器内部直流电源的 P 端和 N 端,将万用表调到电阻×10挡,红表棒接到 P,黑表棒分别接到 R、S、T,应该有大约几十欧的阻值,且基本平衡。相反将黑表棒接到 P 端,红表棒依次接到 R、S、T,有一个接近于无穷大的阻值。将红表棒接到 N

端,重复以上步骤,都应得到相同的结果。如果有以下结果,可以判定电路已出现异常:阻值三相不平衡,说明整流桥故障;红表棒接 P 端时电阻无穷大,可以断定整流桥故障或启动电阻出现故障。

(2) 测试逆变电路。将红表棒接到 P 端,黑表棒分别接到 U、V、W 上,应该有几十欧的阻值,且各相阻值基本相同,反相应该为无穷大。将黑表棒接到 N 端,重复以上步骤应得到相同结果,否则可确定逆变模块故障。

2) 动态测试

在静态测试结果正常以后,才可进行动态测试,即上电试机。在上电前必须注意以下几点。

(1) 需确认输入电压是否有误,将 380V 电源接入 220V 级变频器之中会出现炸机(炸电容、压敏电阻、模块等)。

(2) 检查变频器各接插件是否已正确连接,连接是否有松动,连接异常有时可能导致变频器出现故障,严重时会出现炸机等情况。

(3) 上电后检测故障显示内容,并初步断定故障及原因。

(4) 如未显示故障,首先检查参数是否有异常,并将参数复位后进行空载(不接电机)测试。启动变频器并测试 U、V、W 三相输出电压值。如出现缺相、三相不平衡等情况,则模块或驱动板等有故障。

(5) 在输出电压正常(无缺相、三相平衡)的情况下,带载测试。测试时,最好是满负载测试。

3) 故障判断

(1) 整流模块损坏。一般是由于电网电压或内部短路引起。在排除内部短路情况下,更换整流桥。在现场处理故障时,应重点检查用户电网情况,如电网电压、有无电焊机等对电网有污染的设备等。

(2) 逆变模块损坏。一般是由于电机或电缆损坏及驱动电路故障引起。在修复驱动电路之后,在测量驱动波形良好的情态下,更换模块。在现场更换驱动板之后,还需检查电机及连接电缆。在确认无任何故障的情况下运行变频器。

(3) 上电无显示。一般是由于开关电源损坏或软充电电路(图 1-8 中的整流电路及滤波电路)损坏,使直流电路无直流电而引起,如滤波电路中的限流电阻损坏;也有可能是面板损坏。

(4) 上电后显示过电压或欠电压。一般由于输入缺相、电路老化及电路板受潮引起。找出其电压检测电路及检测点,更换损坏的器件。

(5) 上电后显示过电流或接地短路,一般是由于电流检测电路损坏,如霍尔元件、运放等。

(6) 启动显示过电流。一般是由于驱动电路或逆变模块损坏引起。

(7) 空载输出电压正常,带载后显示过载或过电流。这种情况一般是由于参数设置不当或驱动电路老化、模块损伤引起。

4. 参数设置类故障

变频器在使用中是否能满足传动系统的要求,其参数设置非常重要。如果参数设置不正确,会导致变频器不能正常工作。

1) 参数设置

一般变频器出厂时,厂家对每一个参数都有一个默认值,即出厂设置值。在这些参数值的情况下,用户能以面板操作方式正常运行。但是面板操作并不能满足大多数传动系统的要求。所以,用户在正确使用变频器之前应进行以下几项工作。

(1) 确认电机参数,变频器在参数中设定电机的功率、电流、电压、转速、最大频率,这些参数可以从电机铭牌中直接得到。

(2) 变频器采取的控制方式,即速度控制、转矩控制、PID控制或其他方式。采取控制方式后,一般要根据控制精度进行静态或动态电机辨识。

(3) 设定变频器的启动方式。一般变频器在出厂时设定从面板启动,用户可以根据实际情况选择启动方式,可以选择面板、外部端子、通信等方式。

(4) 给定信号的选择。一般变频器的频率给定也可以有多种方式,如面板给定、外部给定(电压或电流给定)、通信方式给定。正确设置以上参数之后,变频器基本上能正常工作,如要获得更好的控制效果,则只能根据实际情况修改相关参数。

(5) 参数设置类故障的处理。一旦发生了参数设置类故障后,变频器都不能正常运行,一般可根据说明书要求修改参数。如果不成功,最好是把所有参数恢复到出厂设置值,然后按上述步骤重新设置。对于不同公司的变频器,其参数恢复出厂设置值的方式也不相同。

2) 过压类故障

变频器的过电压集中表现在直流母线的支流电压上。正常情况下,变频器直流电为三相全波整流后的平均值。若线电压 U_L 为380V,则平均直流电压 $U_d = 1.35 U_L = 513V$。在过电压发生时,直流母线的储能电容将被充电,当电压升至760V左右时,变频器过电压保护动作。因此,对变频器来说,都有一个正常的工作电压范围,当电压超过这个范围时很可能损坏变频器。常见的过电压有以下两类。

(1) 输入交流电源过电压。这种情况是指输入电压超过正常范围,一般发生在节假日电网负载较轻、电源线路电压升高的情况,此时最好断开电源,并进行检查、处理。

(2) 发电类过电压。这种情况出现的概率较高,主要是电机的实际转速比同步转速还高,使电机处于发电状态,而变频器又没有安装制动单元,有两种情况可以引起这一故障。

① 当变频器拖动大惯性负载且其减速时间设得比较小的时候。在减速过程中,变频器输出频率的变化速度比较快,而负载靠本身阻力减速,所以转速变化比较慢,使负载拖动电机的转速比变频器输出频率所对应的转速还要高,电机处于发电状态。如果变频器没有能量回馈单元,其支流直流回路电压升高,超出保护值,就会出现此故障。处理这种故障可以增加再生制动单元,或者修改变频器参数,把变频器减速时间设得长一些。

增加再生制动单元包括能量消耗型、并联直流母线吸收型、能量回馈型。

能量消耗型是在变频器直流回路中并联一个制动电阻,通过检测直流母线电压来控制功率管的通断。

并联直流母线吸收型使用在多电机传动系统中。这种系统往往有一台或几台电机经常工作于发电状态,产生再生能量,这些能量通过并联母线被处于电动状态的电机吸收。

能量回馈型的变频器网侧变流器是可逆的,当有再生能量产生时,可逆变流器就将再生能量回馈给电网。

② 多个电机施动同一个负载时,可能出现这一故障,主要是由于没有执行负荷分配控制引起的。以两台电机拖动一个负载为例,当一台电机的实际转速大于另一台电机的同步转速时,则转速高的电机相当于原动机,转速低的处于发电状态,引起故障。处理时需加负

荷分配控制,可以把处于速度较高的电机对应的变频器特性调节软一些。

3)低电压故障

低电压故障的主要问题在电源方面,有以下三种情况。

(1)交流电源电压过低或缺相。

(2)供电变压器容量过小,线路阻抗过大,带载后变压器及线路压降过大而造成变频器输入电压偏低。

(3)变频器整流桥二极管损坏,使整流电压降低。

4)过流故障

过流故障是较常见的故障,可从电源负载、变频器振荡干扰等方面找原因。

(1)电源电压超限或缺相。电压超限过高或过低,应按说明书规定的范围进行调整。无论电源缺相或变频器输出缺相,都会导致电机转矩减小而过流。

(2)负载过重或负载侧短路。重点检查电机及负载机械有无异声,是否有振动和卡滞现象,是否因工艺条件或操作方法改变而造成超载。如负载侧短路或接地,可用兆欧表进行线路检测。逆变器同一桥臂的两只晶体管同时导通也会形成短路。

(3)变频器设定值不适当。①电压频率特性曲线中电压提升大于频率提升,造成低频高压而过流。②加速时间设定过短,加速转矩过大而造成过流。③减速时间设定过短,电机及负载再生发电回馈给中间回路,造成中间回路电压过高和制动回路过流。

(4)振荡过流。一般只在某转速(频率)下发生。主要原因有两个:①电气频率与机械频率发生共振;②由纯电气回路所引起,如功率开关管的死区控制时间、中间直流回路电容电压的波动、电机滞后电流的影响及外界干扰源的干扰等。找出发生振荡的频率范围后,可利用跳跃频率功能(也称为输出频率屏蔽功能)回避该共振频率。

(5)测量通道损坏引起的过流。主电路接口板电流电压检测通道被损坏,或者电流或电压反馈信号线接触不良,会出现过流。

如果断开负载变频器还显示过流故障,说明变频器逆变电路已损坏,需要维修、更换变频器。

5)过载故障

过载故障包括变频器过载和电机过载。可能是变频器设置的加速时间太短,直流制动量过大、电网电压太低、负载过重等原因引起。

一般可通过延长加速时间、延长制动时间、检查并设法恢复电网电压正常值等方法进行处理。

负载过重有两种情况:①所选的电机和变频器不能拖动该负载;②由于机械润滑不好引起。如前者则必须更换大功率的电机和变频器;如后者则要对生产机械进行检修。

6)电机运行正常但温度过高

电机运行正常,但温度过高,在排除了环境温度过高的因素后,其主要原因如下。

(1)内部冷却风扇损坏或运转不正常。

(2)设定的U/f特性和电机特性不适配。

(3)连续低速运行。

(4)负载过大。

(5)变频器输出三相电压不平衡。

变频器的运行维护

随着变频器应用范围的不断扩大,运行中出现的问题越来越多,其运行维护也变得越来越重要。

1. 变频器—电机系统普遍存在的问题及对策

变频器—电机系统普遍存在的问题主要有高次谐波、噪声与振动、负载匹配、发热等问题。下面分别进行介绍,并提出相应的对策。

1) 谐波问题及对策

通用变频器的主电路形式一般由整流、滤波、制动、逆变电路四部分组成。整流部分为三相桥式不可控整流器,中间滤波部分采用大电容作为滤波器,逆变部分为 IGBT 三相桥式逆变器,驱动输入为 PWM(脉冲宽度调制)波。输出电压中含有除基波以外的其他谐波,较低次谐波通常对电机负载影响较大,引起转矩脉动;而较高次谐波又使变频器输出电缆的漏电流增加,使电机出力不足,因此变频器输出的高低次谐波都必须加以抑制。

抑制上述谐波问题的对策如下。

(1) 增加变频器供电电源内阻抗:通常电源设备的内阻抗可以起到缓冲变频器直流滤波电容的无功功率的作用,内阻抗越大,谐波含量越小,这种内阻抗就是变压器的短路阻抗。因此,选择变频器供电电源时最好选择短路阻抗大的变压器。

(2) 安装电抗器:在变频器的输入端与输出端串接合适的电抗器,或安装谐波滤波器,滤波器的组成为 LC 型,达到抑制谐波的目的。

(3) 采用变压器多相运行:通用变频器为六脉波整流器,因此产生的谐波较大。如果采用变压器多相运行,使相位角互差 30°,如 Y-△、△-△组合的变压器构成 12 脉波,可减小低次谐波电流,很好抑制谐波。

(4) 设置专用谐波消除装置:设置专用滤波器,用来检测变频器和相位,并产生一个与谐波电流的幅值相同且相位正好相反的电流,通到变频器中,可以有效吸收谐波电流。

2) 噪声与振动及其对策

采用变频器调速将产生噪声和振动,这是变频器输出波形中含有高次谐波分量所产生的负面影响。随着运转频率的变化,基波分量、高次谐波分量都在大范围内变化,很可能引起电机各部件产生谐振。

(1)噪声问题:用变频器驱动电机时,由于输出电压电流中含有高次谐波分量,气隙的高次谐波磁通增加,故噪声增大。电磁噪声有以下特征:由于变频器输出中的低次谐波分量与转子固有机械频率谐振,转子固有频率附近的噪声增大;由于高次谐波分量与铁心机壳轴承架等谐振,在这些部件的各自固有频率附近处的噪声增大。

解决上述噪声问题的对策为:变频器传动电机产生的噪声(特别是刺耳的噪声)与PWM控制的开关频率有关,尤其在低频区更为显著。一般采用在变频器输出侧连接交流电抗器的方法来抑制和减小噪声。如果电磁转矩有余量,可将U/f定小些。采用特殊电机在较低频时噪声较严重,要检查与轴系统(含负载)固有频率的谐振。

(2)振动问题:变频器工作时,输出波形中的高次谐波引起的磁场对许多机械部件产生电磁策动力,策动力的频率可能与这些机械部件的固有频率相近或重合,造成电磁原因导致的振动。对振动影响大的谐波主要是较低次的谐波分量,在PAM(脉冲幅度调制)方式和方波PWM方式时有较大的影响。但采用正弦波PWM方式时,低次的谐波分量小,影响变小。

解决上述振动问题的对策为:要减弱或消除振动,可以在变频器输出侧接入交流电抗器以吸收变频器输出电流中的高次谐波电流成分。使用PAM方式或方波PWM方式变频器时,可改用正弦波PWM方式变频器,以减小脉动转矩。

3) 负载匹配及对策

选用变频器前首先要掌握电机所带负载的性质,即负载特性,然后再选择变频器和电机。负载有三种类型:恒转矩负载、风机泵类负载和恒功率负载。不同的负载类型,应选择不同类型的变频器。

(1)恒转矩负载。恒转矩负载又分为摩擦类负载和位能负载。

摩擦类负载的启动转矩一般要求为额定转矩的150%左右,制动转矩一般要求为额定转矩的100%左右。对策为:选择具有恒定转矩特性、启动和制动转矩较大、过载时间和过载能力较大的变频器。

位能负载一般要求大的启动转矩和能量回馈功能,能够快速实现正反转。对策为:选择具有四象限运行能力的变频器。

(2)风机泵类负载。风机泵类负载是典型的平方转矩负载,低速下负载非常小,并与转速平方成正比,通用变频器与标准电机的组合最合适。这类负载对变频器的性能要求不高,只要求经济性和可靠性,所以选择具有$U/f=$常数控制模式的变频器即可。如果将变频器输出频率提高到50Hz工频以上时,功率急剧增加,可能超过电机的额定功率,导致电机过热或不能运转。对策:对这类负载,不要轻易将频率提高到工频以上。

(3)恒功率负载。恒功率负载指转矩与转速成反比,但功率保持恒定的负载,如卷扬机、机床等。对恒功率特性的负载选择变频器时,应注意的问题是,在工频以上频率范围内变频器输出电压为定值控制,所以电机产生的转矩为恒功率特性,使用标准电机与通用变频器的组合没有问题。而在工频以下频率范围内为U/f定值控制,电机产生的转矩与负载转矩为相反方向,标准电机与通用变频器的组合难以适应。对策:选用专门类型的变频器。

4) 发热问题及对策

变频器发热是由于内部的损耗而产生的,以主电路为主,约占98%,控制电路约占2%。

为保证变频器正常可靠运行，必须对变频器进行散热。

解决此问题的对策如下。

(1) 采用风扇散热：变频器的内装风扇可将变频器内部的热量排出，控制柜顶部的风扇可以将柜体内部的热量带走。当然，控制柜的下方要布设进风口。

(2) 环境温度：变频器是一种电子装置，内含电子元件及电解电容等，所以温度对其寿命影响较大。通用变频器的环境运行温度一般要求－10～＋50℃。如果能降低变频器的运行温度，就能延长变频器的使用寿命，性能也稳定。

5) 变频器无电压输出及对策

变频器无电压输出故障原因如下。

(1) 主回路不通。对策：重点检查主回路通道中所有开关、断路器、接触器及电力电子器件是否完好，导线接头有无接触不良或松脱。检查变频器输入/输出是否接反。

(2) 控制回路接线错误，变频器未正常起动。对策：以说明书为依据，认真核对控制回路接线，找出错误处并加以纠正。

2. 变频器运行维护

1) 日常巡检应注意的事项

(1) 认真监视并记录变频器人机界面上的各显示参数，发现异常应立即向有关部门反映。

(2) 认真监视并记录变频室的环境温度，环境温度应在－5～40℃之间。如果使用了移相变压器，移相变压器的温升不能超过130℃。

(3) 夏季温度较高时，应加强变频器安装场地的通风散热，确保周围空气中不含有过量的尘埃、酸、盐、腐蚀性及爆炸性气体。

(4) 夏季是多雨季节，应防止雨水进入变频器内部（例如雨水顺着风道出风口进入）。

(5) 变频器柜门上的过滤网通常每周应清扫一次。如工作环境灰尘较多，清扫间隔还应根据实际情况缩短。

(6) 变频器正常运行时，一张标准厚度的A4纸应能牢固吸附在柜门进风口过滤网上。

(7) 变频室必须保持干净整洁，应根据现场实际情况随时清扫。

(8) 变频室的通风、照明必须良好，通风散热设备（空调、通风扇等）能够正常运转。

2) 停机后需要维护的项目

(1) 用带塑料吸嘴的吸尘器彻底清洁变频器控制柜内外，保证设备周围无过量的尘埃。

(2) 检查变频室的通风、照明设备，确保通风设备能够正常运转。

(3) 检查变频器内部电缆间的连接应可靠。

(4) 检查变频器控制柜内所有接地应可靠，接地点无生锈。

(5) 每隔半年应再紧固一次变频器内部电缆的各连接螺母。

(6) 变频器长时间停机后恢复运行时，应使用兆欧表测量变频器（包括移相变压器、旁通柜主回路）的绝缘情况。测试绝缘合格后，才能启动变频器。

(7) 检查所有电气连接的紧固性，查看各个回路是否有异常的放电痕迹，是否有怪味、变色、裂纹、破损等现象。

(8) 每次维护变频器后，要认真检查有无遗漏的螺钉及导线等，防止小金属物品造成变频器短路事故。特别是对电气回路进行较大改动后，应确保电气连接线的连接正确、可靠，防止"反送电"事故的发生。

3）日常检查和保养

（1）温度、湿度方面：温度>40℃时应打开变频器盖板，以加大散热效率。

（2）经常清灰除尘；确保变频器周边无异味、无易燃易爆气体。

（3）检查变频器本体振动平稳、出风口风温正常；无异常噪声、无异味；紧固螺钉无松动。

（4）检查电机运行是否平稳，温度是否正常；运行时是否有异常和不均匀的噪声。

（5）检查变频器输入/输出参数，包括：输入电压要经常测量，确保在规定的范围内；经常检查输出电流，保证运行在额定电流之内。如果用钳形电流表测试，建议测试输入端电流，因为输出端有高频谐波，用钳形电流表测量会有很大的偏差或误差。

（6）检查冷却系统，包括：安装环境通风是否良好，风道有无堵塞现象；变频器本体风机运转是否正常，有无异常噪声。

4）定期检查、维护、保养

用户根据实际情况确定3~6个月对变频器进行一次定期检查，重点应检查变频器运行时无法检查的部位。特别注意：必须由经过专业培训的技术人员才可进行变频器的维护及器件更换等操作；在打开变频器之前，务必确认电源已切断；用直流高压表测试如图1-8所示的P+、P-之间电压应小于25V（不满足此要求，应等待变频器主电路自放电，或采用专用限流放电线放电）。在检查、保养工作结束时，切记不能把异物如螺钉、垫片、导线铜丝等遗留在机箱内，否则可能造成变频器损坏，严重时可能导致火灾。

定期检查、维护、保养的内容如下。

（1）主回路接线端子螺钉是否松动，如松动应加固。铜排等连接处是否有过热痕迹。

（2）主回路电缆、控制回路电缆有无损伤，特别是与金属表面接触的表皮是否有割伤痕迹。

（3）主回路电力电缆的绝缘是否良好。

（4）对风道、本体风扇及电路板上的粉尘应全面清扫；在粉尘较大的环境下要经常清扫。

（5）对变频器控制的电机也要定期检查测量，重点检测绝缘情况、轴承运行状况等。

（6）若变频器闲置时间较长，超过半年以上及返修的变频器使用前，必须对变频器进行绝缘测试。

（7）滤波电容器通常使用寿命为2万小时，应根据运行时间进行更换。当电解电容器出现电解质泄漏、安全阀冒出或电容主体发生膨胀时，需及时更换该电解电容器。

（8）变频器内部所有冷却风扇的使用寿命约3万小时，当发现风扇叶片等有裂痕，或开机声音有异常，或转速明显变慢，应仔细检查风扇。一般出现这几个现象之一时，建议及时更换风扇。

5）存放注意事项

变频器购买后暂时不用或需长期存放，应注意以下事项。

（1）避免将变频器存放于高温、潮湿或有振动、金属粉尘的地方，并保证通风良好。

（2）变频器若长期不用，每两年应通电一次以恢复滤波电容器的特性，同时检查变频器的功能。通电时应通过一个自耦变压器逐渐增大电压，且达到正常电压后的通电时间不小于5小时。

（3）一般情况下不要测量变频器的绝缘情况，因为变频器在出厂前做过电气绝缘试验，用户不必再进行耐压测试。

(4) 若变频器闲置时间较长,在使用前必须对其进行绝缘测试(对于 400V 的变频器,采用电压不超过 1000V 的兆欧表)。

(5) 变频器的控制回路和端子严禁使用兆欧表测量,如需测量,可用万用电表兆欧挡简单测量即可。

6) 变频器的清洁

(1) 始终保持变频器表面在清洁状态。可用清洁剂喷到外壳上,然后用脱脂棉擦拭,但一般采用压缩空气吹灰的办法清洁。

(2) 清理变频器冷却风扇与控制柜内换气扇的灰尘。灰尘与潮湿是变频器的最致命杀手,最好将变频器安装在空调房里或装有滤尘网的控制柜里。要定时清扫电路板和散热器上的灰尘,停机一段时间的变频器在通电前最好用电吹风清扫。

7) 零部件的更换

(1) 冷却风扇的更换。变频器主电路中的半导体器件靠冷却风扇强制散热,保证其工作温度正常。冷却风扇的寿命受限于轴承,2～3 年需要更换一次。

(2) 滤波电容器的更换。变频器中的大容量电解电容器的寿命受周围温度及使用条件的影响很大,正常情况下电容的使用寿命为 5 年。建议每年定期检查电容容量一次,一般其容量减少 20% 以上应更换。

(3) 控制系统中使用的继电器和接触器的更换。长时间使用会有接触不良现象,根据其寿命及时进行更换。

(4) 熔断器的更换。正常使用条件下寿命约 10 年。

3. 变频器运行维护的安全注意事项

变频器在设计和制造时已充分考虑了人身安全因素。然而作为强电类设备,变频器内部存在有致命的高电压。另外,散热器和有些元器件温度很高,不能用手接触。因此,在变频器操作和维护时必须考虑以下安全注意事项。

(1) 在控制柜内靠近或接触元器件时,要消除静电。消除静电的方法是:戴接地防静电手镯环,该手镯环通过 1MΩ 电阻接地;通过触摸接地的金属片可以消除静点。

(2) 在变频器运行过程中,不要断开控制电源,否则可能导致出现未知损害,并将导致功率单元损坏。

(3) 不要将易燃易爆物品存放在变频器控制柜内或其周围。

(4) 在做任何维护和检修工作之前,要严格遵守操作规程。

(5) 在确认无发热部件和不带电之前,千万不要触摸控制柜内的任何部位。

(6) 不要认为关断输入开关后控制柜内就不存在电压了,电压仍然存在于输入开关的上端。

(7) 操作时保持单手操作,穿戴安全防护鞋,并有其他人在场。

(8) 不要带电连接或断开任何表计、电缆、通信光缆和电路板。

(9) 在检修或更换功率单元时,一定要将高压切断并将其可靠接地,然后方可打开高压柜门,并检查所有单元指示灯完全熄灭后才能接触功率单元。

(10) 不要使高压输入误送到变频器的输出端,这样会严重损坏变频器。不要用高压摇表测量变频器的输出绝缘,这样会使功率单元中的开关器件损坏。